Territoires du périurbain : quelles nouvelles formes d'appropriation ?

Collection

Institut de la Ville et du Développement "IVD"

Sciences humaines et sociales

dirigée par Béatrice Muller

Cette collection est créée pour donner la parole aux acteurs et intervenants des politiques publiques et sociales. Elle s'appuie sur un partenariat fort d'acteurs du champ politique, social et économique et sur le réseau des anciens du DESS Développement social urbain (création 1992) aujourd'hui Master de sociologie "Développement social urbain". L'IVD partant d'une définition très large de la ville, comme champ d'appréciation des rapports sociaux et des relations sociales de l'action publique et sociale, il se fixe par cette collection trois objectifs :

- **Créer un espace de diffusion des manifestations (colloques, journées d'études thématiques, conférences débats)**, contributions pluridisciplinaires, publications où se répondent savoir et savoir-faire.
- **Valoriser des travaux de recherche d'étudiants de master 2 et thèses sur des problèmes actuels** ; cette production se centrera sur l'articulation entre un travail théorique et empirique.
- **Favoriser une dynamique** ; l'objectif de cette collection "Institut de la Ville et du Développement" est de proposer un espace de diffusion de travaux, de réflexions de recherches ouvert aux chercheurs, aux professionnels et aux acteurs des politiques publiques et sociales travaillant et réfléchissant sur ce qui est et/ou défait le tissu urbain.

Parus dans la même collection :

- Action publique, Action sociale. Les questionnements des politiques, des chercheurs et des professionnels, sous la direction de Béatrice Muller, 2010.
- Conseillers en économie sociale et familiale. Devenir cadre : une ambition silencieuse.
- Dimension culturelle du développement (la). Dynamiques de valorisation et de dévalorisation des territoires urbains, sous la direction de Abdoul Hameth Ba et Jean-Louis Zentelin, 2011.
- Fabrique des assistés (la). L'action sociale et médicosociale dans la modernité, Lionel Boutet-Civalleri, 2012.
- Solidarités à l'épreuve des crises (les), sous la direction de Béatrice Muller, Jean-Claude Barbier, Maryse Bresson, 2012.
- Dynamiques de développement et enjeux de gouvernance territoriale. Espaces ruraux/espaces urbains, sous la direction d'Abdoul Hameth Ba, Jerôme Lombard, 2013.
- Controverses du travail social en France et en Allemagne. Par-delà les idées reçues (les), sous la direction de Béatrice Muller, Bruno Michon, Blandine Somot, 2015.

Sous la direction de
Laurence Costes

Territoires du périurbain : quelles nouvelles formes d'appropriation ?

L'Harmattan

5-7, rue de l'École-Polytechnique, 75005 Paris

http://www.harmattan.fr
diffusion.harmattan@wanadoo.fr
harmattan1@wanadoo.fr

ISBN : 978-2-343-08625-5
EAN : 9782343086255

Sommaire

Les auteurs

Abdoul Hameth Ba, géographe, maître de conférences, IDHES-UMR/CNRS 8533 - Université d'Évry-Val d'Essonne.

Éric Charmes, directeur de recherche à l'ENTPE, Université de Lyon (RIVES, EVS).

Pierre Chastel, architecte-urbaniste, École spéciale d'architecture (ESA).

Laurence Costes, maître de conférences HDR en Sociologie. Université Évry-Val d'Essonne, CPN EA 2543, chercheure associée à l'UMR 7218 CNRS-LAVUE, CRH.

Antoine Fleury, chargé de recherche au CNRS Géographies-cités UMR 8504 (Universités Paris 1 et Paris 7).

Damien Delaville, doctorant Paris 1, Géographie-cités UMR 8504, Université Paris 1.

Julien Essers, doctorant, Université de Paris Ouest Nanterre la Défense, LAVUE.

Matthieu Gateau, maître de conférences, Université de Bourgogne, Pôle AAFE, membre du CGC, UMR CNRS 7366, chercheur associé au CESAER (UMR 1041), INRA-Agro-sup Dijon.

Marlène Ghorayeb, urbaniste-architecte, professeure à l'École spéciale d'architecture (ESA).

Jean-Raymond Hugonet, Maire de Limours-en-Hurepoix, président de l'Union des maires de l'Essonne (UME 91).

Tanguy Le Goff, chargé d'études Institut aménagement et urbanisme (IAU IDF), chercheur associé au Cesdip.

Olivier Mandon, chargé d'études Institut aménagement et urbanisme (IAU IDF), Past à l'Université Évry-Val-d'Essonne.

Lucile Mettetal, chargée d'études Institut aménagement et urbanisme (IAU IDF).

Lionel Rougé, géographe, maître de conférences, Université de Caen-Normandie, CNRS UMR 6590 ESO - UMR 8504 Géographie-cités.

Miled Zrida, Directeur de la politique de la ville, logement et démocratie, CAPS (Communauté d'agglomération du Plateau de Saclay), Past à l'Université Évry-Val-d'Essonne.

Remerciements

Cet ouvrage est le fruit d'un travail collectif issu de l'organisation d'un colloque « Territoires du périurbain : quelles nouvelles formes d'appropriation ? » qui s'est déroulé le 13 Novembre 2014 à l'Université d'Évry-Val-d'Essonne en partenariat avec le Master Développement Social Urbain du département de Sociologie.

Je tiens à remercier tout particulièrement Olivier Mandon (IAU IDF et Past UEVE) qui a co-dirigé et co-animé cette manifestation, mais aussi l'ensemble des personnes qui ont participé aux échanges et aux débats dans le cadre de cette rencontre y compris Edith Merckel pour son implication dans la logistique de celui-ci.

Enfin tous mes plus vifs remerciements aux auteurs qui ont bien voulu contribuer à ce présent ouvrage : chercheurs, enseignants, politiques, professionnels.

Avant-propos

Les textes qui figurent dans cet ouvrage ont été sélectionnés à partir des réponses à l'appel à communication qui avaient été faites dans le cadre du déroulement du colloque « *Territoires du périurbain : quelles nouvelles formes d'appropriation ?* » organisé à l'université d'Évry-Val d'Essonne (UEVE) en 2014 par le Master Développement social, soutenu par le Centre Pierre Naville et ayant bénéficié de l'appui des enseignants-chercheurs de l'UFR des sciences sociales et humaines de l'université UEVE. La Mairie d'Évry, à travers la participation aux débats de Monsieur le Maire Francis Chouat et de Monsieur l'adjoint au Maire Jacques Longuet, chargé de la vie scolaire, la parentalité, le patrimoine et la mémoire de la ville, a également aidé à son organisation.

L'initiative de ce colloque est liée à plusieurs raisons :

- tout d'abord parce que l'université d'Évry-Val-d'Essonne est fortement ancrée dans le territoire périurbain qui jouxte la ville d'Évry, elle est ainsi directement concernée par son évolution.
- enfin parce que si le phénomène n'est pas nouveau (en Île-de-France, par exemple, la périurbanisation a démarré dès la fin des années 60), le périurbain a pris ces dernières années une place importante dans les analyses et discussions des sociologues, géographes, urbanistes aménageurs.

Cette rencontre scientifique s'est alors donnée comme objectif de permettre des échanges entre universitaires et professionnels autour de réflexions sur les enjeux sociaux des mutations récentes des territoires du périurbain.

Une partie des analyses est, de la sorte, présentée dans le cadre de cet ouvrage.

Laurence COSTES

Introduction

À partir de la fin des années soixante et du début des années soixante-dix l'étalement progressif du tissu urbain en périphérie des villes-centres a participé à la constitution de nouveaux territoires habitables entre urbanité et ruralité, que l'on a qualifié de périurbain. La « découverte » de ces territoires par les sociologues apparaît essentiellement au début des années quatre-vingt en liaison avec la problématique des classes moyennes[1]. Ces populations sont évoquées comme les principaux acteurs de changement et d'introduction de formes dynamiques de développement de ces territoires provoqués par plusieurs motivations : la fuite des quartiers d'habitat social pour les classes moyennes en ascension aidées par des politiques de logement, la montée d'un « modèle culturel » spécifique à ces nouvelles classes moyennes salariées dénommées « les aventuriers du quotidien[2] ». La localisation de certaines entreprises sur ces sites permettant une implantation moins onéreuse a également facilité ce développement. Ce sont alors des militants rurbains d'un style nouveau, engagés dans l'espace local et le quotidien qui retiennent l'attention. Le mouvement de fuite, sous l'effet de la montée des prix de l'immobilier dans les grandes agglomérations se poursuit atteignant au fil des décennies les catégories populaires ou moyennes inférieures au revenu relativement stable, « des ménages appartenant aux couches intermédiaires lorsque ceux-ci sont en activité ou vivent en famille[3] ». Aussi la « Ville émergente[4] » « sans limite », « ni centre », est évoquée pour qualifier ces nouveaux espaces urbains constitués principalement d'ensembles résidentiels non loin desquels se développent, à proximité des noeuds routiers, de grands complexes d'hyper ou de

[1] Bidou-Zachariasen, C : Les aventuriers du quotidien. Essai sur les nouvelles classes moyennes. PUF, Paris, 1984.
[2] Bidou-Zachariasen, C : *Op. Cit*, 1984.
[3] Jaillet, MC : « L'espace périurbain : un univers pour les classes moyennes » in Donzelot, J (sous la direction de) « La ville à trois vitesses : gentrification, relégation, périurbanisation ». *Revue Esprit*, Mars-Avril 2004.
[4] Chalas, Y, Dubois-Taine, G : *La ville émergente*, La Tour-d'Aigues, Ed. de l'Aube, Paris, 1997.

supermarchés dont « les vides font partie intégrante[1] ». Cet étalement urbain serait dès lors « la conséquence mécanique du développement des villes[2] ».

Mais la croissance de ce tiers espace entre ville et campagne, dans un contexte de crise économique renforcée, est de plus en plus décriée. Ainsi s'est progressivement cristallisée une « image » du périurbain longtemps associée à une ville dortoir, univers des catégories moyennes ou populaires aux votes « populistes et protestataires[3] », composée de zones pavillonnaires, opposée à la ville dense, terrain propice à « l'urbanisme affinitaire[4] » qui permettrait, pour une partie de la population, de « choisir » ses voisins. Cette extension a été vite assimilée à un étalement « insoutenable », contraire au développement durable, un « *sprawl* » à l'américaine avec un paysage dominé par des centres commerciaux et de l'habitat individuel associé au repli sur soi, à l'entre soi, voire à une « clubbisation[5]». L'urbaniste architecte David Mangin[6] y voit même une sorte de « ville franchisée » marquée par « trois moteurs » : la voiture, la maison ou le lotissement, la place prépondérante des espaces commerciaux (*les malls*). Sorte de lieu « informe » composé de vagues successives de populations déracinées, essentiellement attirées par le coût du foncier plus avantageux qu'au centre.

Pour autant le périurbain serait-il l'expression de la « non ville » ? Ces territoires se recomposent différemment et ne correspondent plus vraiment à l'image figée à laquelle ils ont longtemps été associés. Ils n'entrainent pas forcément la disparition d'une certaine manière locale de vivre ensemble, ni d'une «culture des limites[7] ». Leurs mutations récentes avec les nouveaux usages et urbanités qui l'accompagnent, produisent une certaine forme d'ancrage local. Les mobilités des populations, les transformations liées aux grandes politiques publiques telles le grand Paris dans le cas de la région parisienne et ses conséquences sur les zones d'emploi, l'évolution des modes de vie, des revendications citoyennes, sont autant d'éléments qui ont participé à leur transformation. Les populations se diversifient tout comme les trajectoires résidentielles qui les y guident, exprimant des logiques d'ancrage, des revendications de services, d'équipements, ... Des fractions supérieures de classes moyennes font aussi le choix de la résidentialisation pavillonnaire en milieu périurbain[8]. Dès lors, la variété des pratiques des habitants, de leur mobilité, de leurs trajectoires, de leurs aspirations fortes à y vivre au-delà d'un « repli », participent à la transformation de ces territoires qui ne peuvent plus se réduire à une catégorie homogène, à un état particulier, mais plutôt comme « un processus affectant toute la ville, comme partie intégrée et intégrante du mouvement général d'urbanisation de toute la

[1] Chalas, Y, Dubois-Taine, G : Op. Cit, 1997.
[2] Estebe, P : « Quel avenir pour les périphéries urbaines ? » in Donzelot, J (sous la direction de) : « La ville à trois vitesses : gentrification, relégation, périurbanisation ». *Revue Esprit*, Mars-Avril 2004 (pp.82-95).
[3] Girard, V : « Un peuplement au-dessus de tout soupçon ? Le périurbain des classes populaires blanches ». *Actes de la recherche en sciences sociales*, Septembre 2014 (pp. 46-70).
[4] Donzelot, J (sous la direction de) : « La ville à trois vitesses : gentrification, relégation, périurbanisation ». *Revue Esprit*, Mars-Avril 2004.
[5] Charmes, E : La ville émiettée. Essai sur la clubbisation de la vie urbaine, PUF, Paris, 2011
[6] Mangin, D : La ville franchisée, Ed. La Villette, Paris, 2004.
[7] Choay, F : « De la ville à l'urbain » Revue *Urbanisme* Nov-Déc 1999, n° 309 (pp. 6-8).
[8] Girard, V et Rivière, J: « La grandeur et la décadence de la banlieue : en regardant en arrière sur trois décennies d'analyse du changement social et politique » *Revue en ligne Métropolitic*s.eu, 2013.

société[1] ». La typologie du périurbain est donc complexe : il n'y a pas un périurbain homogène, mais une variété de périurbains.

En partant de cette évolution, l'ouvrage s'efforce de questionner ces espaces périurbains contemporains, non comme territoire spécifique saisi à la marge, mais en tant qu'illustrations d'un processus de renouvellement de « l'urbain généralisé » permettant de mettre en avant un certain nombre de transformations à travers quatre axes :

Celui consacré aux *« Enjeux contextuels du périurbain »* s'efforce d'apporter un regard en amont des principales mutations des territoires du périurbain et un éclairage sur les spécificités de ses habitants.

Éric Charmes relève ainsi le changement de regard porté sur ces territoires qui longtemps perçus par comparaison avec la ville dense et assimilés parfois à un mitage, voire un étalement insoutenable, parviennent à être progressivement réhabilités, dignes d'intérêt et moins couverts d'a-priori. Le périurbain passe du *sprawl* à une « ville-campagne » que ses habitants souhaitent s'approprier. Bien plus, sa « durabilité » est moins remise en cause d'autant qu'il est aussi vecteur de dynamisation des territoires ruraux.

Mais, comme le souligne *Lucile Mettetal*, délimiter le périurbain n'est pas chose aisée tant les territoires qui le composent deviennent variés et moins « atypiques ». Leur histoire n'est pas la même et l'habitant du périurbain a de moins en moins un profil socio-démographique qui lui est spécifique, en tout cas pour les franciliens. De même les mobilités quotidiennes ne sont plus aussi « extraordinaires ». Certes les déplacements domicile-travail continuent à être marqués par des distances importantes, mais les analyses témoignent de leur stabilisation progressive au profit de déplacements plus centrés sur des territoires de proximité et l'exploitation des ressources qui s'y trouvent. Enfin les périurbains s'affirment davantage comme acteurs maitrisant leur mode de vie plus qu'ils ne le subissent.

Ceci se révèle d'ailleurs à travers l'axe centré sur les « *Évolutions sociales des populations et des parcours résidentiels dans le périurbain* » qui interroge l'émergence de logiques d'ancrage. L'installation des populations sur ces territoires est certes, en partie, liée au prix élevé du foncier au centre, mais aussi à la quête d'un mode de vie plus en lien avec ses aspirations profondes qui contribue à des formes d'ancrage s'exprimant tout autant à travers l'évolution des pratiques sociales que des parcours résidentiels.

Ainsi *Matthieu Gateau* met en avant les motivations qui guident les fractions de classes moyennes supérieures à migrer dans les espaces périurbains dijonnais. L'installation dans l'habitat pavillonnaire est pour la population étudiée le résultat d'un compromis à la fois économique, géographique et biographique qui s'inscrit dans l'évolution d'un cycle de vie, voire de la consolidation de trajectoires sociales ascendantes. Mais loin de l'image habituellement véhiculée d'un « repli sur soi », la sociabilité locale est ici très présente, voire déterminante dans cette installation. Les trajectoires résidentielles des ménages vers le périurbain sont ainsi diverses

---

[1] Donzelot, J Mongin, O : « Tous périurbains ! Tous urbains *! » Revue Esprit* « Tous périurbains ! », Mars-avril 2013 (pp. 18-22).

selon les strates sociales et participent à des modes de vie périurbain non réductibles à une catégorie homogène.

Les zones périurbaines accueillent aussi des populations immigrées ou issues de l'immigration. *Abdoul Hameth Ba* interroge les effets de leurs pratiques territoriales et culturelles. La présence de ces populations entraine le développement de nouveaux équipements et services, elle contribue également à créer des formes d'appropriation spécifiques en lien étroit avec leur culture. L'analyse faite autour de la création des édifices religieux de la ville d'Évry souligne l'émergence de ces pratiques cultuelles. L'évolution des trajectoires résidentielles de ces populations participent également à modifier et diversifier culturellement les territoires périurbains.

Mais la mutabilité de ces territoires se révèle également à travers son habitat. Sous cet angle, *Laurence Costes et Marlène Ghorayeb* abordent l'habitat pavillonnaire des zones périurbaines comme indice de l'évolution des populations et des modes de vie. L'exemple d'une commune de la périphérie parisienne de l'Essonne est assez révélateur de ces transformations. Les conditions d'accueil des nouvelles vagues de populations auxquelles s'ajoutent les exigences de densification amènent à repenser le mode d'habiter vers un modèle « d'habitat évolutif ». L'habitat pavillonnaire porte ainsi les potentialités des mutations de ces territoires.

Enfin, *Pierre Chastel* évoque les multiples enjeux d'une périphérie des villes à la fois désirée et décriée. Les représentations sont souvent associées aux maux urbains dont elle serait l'expression. Cette périphérie qui englobe le périurbain porte en elle la mythologie du pavillonnaire avec tout ce que cela comporte d'images contradictoires. Elle reste aussi le lieu où l'on consomme, travaille et où se pratique les loisirs. Celle-ci ne peut alors se définir uniquement par ce qu'elle n'est pas : ni la ville à la campagne, ni la campagne à la ville, mais serait plutôt l'expression d'une bipolarité programmatique où habiter et consommer restent les forces essentielles. Loin d'être un « poison », ces périphéries nécessitent les stratégies d'un urbanisme « maitrisé, cohérent et durable ».

L'axe orienté vers *« L'espace public, l'espace ouvert : les logiques d'ancrage »* questionne l'assimilation des territoires périurbains à des lieux dépourvus d'espaces publics, de rencontres, de « frottement des différences » où les commerces, essentiellement sous la forme de grandes surfaces commerciales sans âme, sont aménagés pour des habitants marqués par la mobilité. Les analyses contemporaines remettent en question ces représentations. Les espaces publics se dessinent et s'affirment, les petits commerces se resserrent autour des habitants, s'implantent mieux dans le tissu urbain, autant d'expressions de logiques d'ancrage qui imprègnent ces territoires.

Ainsi, à partir d'une enquête menée sur les franges nord de la métropole parisienne, *Antoine Fleury* interroge les spécificités des espaces publics des territoires périurbains. Si ces derniers ont très souvent été associés à des sortes de non lieux marqués par une absence d'espaces publics, l'auteur nuance largement cette approche. En effet, il est nécessaire de repenser la définition même de ce que peuvent être les espaces publics en s'écartant d'une vision trop « urbano-centrée » et en s'appuyant davantage sur les pratiques des habitants qui, au final, en définissent les contours. L'analyse de leurs représentations révèle une variété d'espaces publics qui se distinguent, certes, de ceux habituellement identifiés dans les villes denses, mais qui n'en sont pas moins appropriés. Les territoires périurbains font également émerger des espaces publics particuliers qui, non seulement reflètent les formes d'appropriation de ses habitants, mais aussi confirment la « métropole dans toute sa diversité ».

Mais les logiques d'ancrage se manifestent également à travers les pratiques qui se jouent autour du commerce. Ainsi *Damien Delaville* interroge les lieux de vie du périurbain au filtre de la distribution des commerces alimentaires. À partir d'une étude menée sur les espaces périurbains de Picardie et de la Région Centre, il se dégage une richesse de l'offre de commerces plus importante que l'image habituellement associée à ces territoires. La proximité des lieux de vie des habitants aux commerces est réelle : ce « dynamisme existant » contredit la représentation de lieux isolés et participe à l'émergence de petites centralités interconnectées.

Cette approche est également développée par *Julien Essers* qui, à partir de l'exemple des franges ouest de l'aire urbaine de Paris, met en avant une relative autonomie par rapport aux pôles urbains périphériques. Les communes périurbaines offrent une densité de commerces plus importante qui participe à modifier les usages, les perceptions, la représentation de ces territoires au profit d'une « épaisseur » périurbaine plus affirmée. La grande distribution, si elle reste dominante, tend à évoluer vers plus « d'ambulantage », d'un « nomadisme » alimentaire qui participe au dynamisme comme lieux de vie des territoires périurbains.

Enfin, loin des discours sur l'aseptisation et la banalisation des paysages périurbains, *Lionel Rougé*, à partir d'un travail d'enquête mené sur les « campagnes périurbaines » de l'ouest francilien, interroge leur capacité à produire un « vivre ensemble » et ses spécificités par rapport à la ville dense. Il apparaît de la sorte que ces « espaces ouverts », loin d'être dans l'isolement, acquièrent une spécificité, une reconnaissance qui s'inscrivent dans une dynamique de reconfiguration des modes de vie périurbains.

Quant à l'axe sur *« Les relations entre les élus et l'intervention de la société civile »* il examine comment les élus locaux interviennent et agissent face aux mutations de ces territoires. Les flux de populations varient et les premières « vagues » n'ont pas forcément les mêmes attentes, ou les mêmes profils, que ceux des populations plus récentes. L'adaptation est nécessaire pour accompagner et répondre à ces besoins toujours mouvants et aux exigences plus manifestes des populations qui s'y installent.

Dans ce cadre, *Tanguy Legoff* cherche à saisir la transformation du rôle des maires périurbains dans la fabrique des politiques publiques en s'appuyant sur ceux du territoire francilien. Celle-ci est liée à l'évolution du profil des maires dont l'auteur s'efforce de révéler les spécificités : souvent des cadres ou des retraités, très attachés à leur commune de résidence différents des « figures traditionnelles » qui, jusque là, marquées ces territoires. De même l'évolution du contexte institutionnel exige une adaptation « inter communale » et une maîtrise du développement urbain renforcée qui, inévitablement, influence le rôle de cet élu local.

Deux témoignages complètent cette approche : celui de *Miled Zrida* qui, en tant que professionnel de la Communauté d'agglomération du plateau de

Saclay (CAPS) apporte son point de vue sur l'action politique qui se joue dans certains territoires périurbains. Celui de *Jean-Raymond Hugonet*, Président de l'union des Maires de l'Essonne et Maire de Limours, sur son activité d'élu. Son témoignage offre une expérience de terrain conséquente qui éclaire de façon pertinente l'évolution de ces territoires, les enjeux, les complexités en soulignant les difficiles négociations, voire adaptations, qu'une telle fonction exige.

Les contributions réunies dans cet ouvrage visent ainsi à offrir quelques éclairages sur les évolutions récentes de ces territoires et la variété des modes d'appropriation des habitants qui s'y projettent. L'urbain généralisé du XXIe siècle serait alors constitutif d'un modèle culturel, d'une vie collective dont le périurbain en serait une expression. Loin de l'image homogène qui lui a souvent été associée, le périurbain est alors complexe et divers.

Laurence COSTES

Enjeux contextuels du périurbain

UN REGARD NEUF SUR LE PÉRIURBAIN ?

Éric Charmes

Il me revient la tâche de dire ce qu'il y a de nouveau sur les thèmes du périurbain et de la périurbanisation. Compte-tenu du temps dont je dispose, mon propos sera schématique et insistera seulement sur un aspect particulier de la question, à savoir les évolutions récentes de la manière dont nous regardons le périurbain. Celle-ci s'est en effet profondément transformée. Revenons vingt ans en arrière : dans les années 1990, il y a eu un débat très vif sur la nature même de la ville et de l'urbanité, un débat important, dans lequel le périurbain n'était pas considéré pour ses caractéristiques propres, mais en comparaison de la ville-dense, des centres-villes. Le débat était alors formulé dans des termes qui étaient de l'ordre du pour et du contre. Ces discussions étaient très intéressantes, assez idéologiques certes, mais intellectuellement excitantes. Cette époque a été marquée d'un côté par le programme « la ville émergente » du Plan urbanisme-construction-architecture et, d'un autre côté par la publication d'un texte magistral, même si je ne partage pas tous les points de vue qui y sont exprimés, de Françoise Choay, « *Le Règne de l'urbain et la mort de la ville* », publié en 1994.

Aujourd'hui, nous sommes largement sortis de ce débat pour ou contre la ville dense, pour ou contre l'habitat pavillonnaire ou le périurbain. On étudie le périurbain pour lui-même, de la même façon qu'on étudie les centres-villes ou les grands ensembles paupérisés de banlieue. On constate ainsi que si la périurbanisation pose des questions et soulève des problèmes, il s'y passe aussi des choses tout à fait positives. On étudie le périurbain sans se poser le problème de sa légitimité à exister, ou sans se demander s'il est un lieu adapté à la vie bonne – on se pose encore la question dans les sphères médiatiques et politiques, mais chez les universitaires et, de plus en plus dans le monde des professionnels de l'aménagement, on ne se la pose plus beaucoup. Il n'est plus nécessaire de prendre une position normative, ce qui n'empêche cependant pas une perspective critique.

Cette évolution peut s'expliquer de plusieurs manières. Elle résulte d'une conjonction de facteurs. Dans les années 1990, on parlait assez peu encore de gentrification, le débat sur ce sujet n'avait pas du tout l'importance qu'il a aujourd'hui. On étudiait bien la transformation des centre-villes et, notamment leur réhabilitation, mais la perception de ces changements était très largement positive. On n'avait pas encore vu toute l'ampleur ni toutes les conséquences de ces transformations des centres-villes pour les catégories populaires. Par ailleurs, à cette époque, les centres-villes sortaient tout juste d'un long abandon. Les défenseurs des villes traditionnelles, de la ville dense, venaient de remporter d'importantes batailles idéologiques après une période où les investissements publics avaient largement privilégié la mobilité automobile et les nouveaux quartiers. Dans ce contexte, peu d'intellectuels étaient prêt à laisser repartir le balancier dans l'autre sens. Ils n'étaient pas prêts à entendre parler de villes émergentes, encore moins à leur prêter des vertus.

Aujourd'hui, la position des centres-villes est tout autre, tant en termes idéologiques qu'en termes de poids politique. Ils n'ont plus besoin d'être défendus par des intellectuels. Même aux États-Unis, les centres ont quasi gagné la bataille idéologique… Dans ce cadre, les intellectuels et les chercheurs porteurs d'un discours critique sur les centres sont plus audibles et surtout sont devenus plus nombreux. On le constate notamment dans les débats et les travaux sur la gentrification. À l'inverse, comme par un mouvement de balancier, les critiques du périurbain se sont atténuées.

Ces critiques se sont d'autant plus atténuées que le périurbain s'est affirmé comme un terrain riche pour la recherche. Après les banlieues en difficulté, après les centres en gentrification, le périurbain est devenu une terre de conquête académique, un nouveau terrain à défricher pour les chercheurs. La géographie a joué un rôle pionnier dans cette évolution avec des chercheuses telles que Marie-Christine Jaillet ou Martine Berger. Elles ont toutes deux parrainé une nouvelle génération de chercheurs qui, à présent, regardent les choses d'un œil différent de leurs ainés, hors de l'influence du débat sur la fin de la ville. Certains de ces chercheurs sont d'ailleurs nés dans le périurbain et, pour eux, la question de la légitimité du périurbain ne se pose pas.

Du côté des urbanistes, les choses évoluent aussi et convergent maintenant vers les positions défendues par les géographes. Le discours des urbanistes sur le périurbain a longtemps été (et reste encore pour une large part) critique parce que le périurbain est associé à la maison individuelle, qui elle-même est associée au moment fondateur pour l'urbanisme du mouvement des mal-lotis. Elle est également associée au consumérisme, à l'égoïsme, au repli sur soi ou sur l'entre-soi. Mais depuis plusieurs années ces associations tendent à être nuancées et à disparaître.

Ces associations s'affaiblissent en partie sous l'effet d'une redéfinition du périurbain. Le périurbain est aujourd'hui redéfini en ville-campagne. Cette définition n'est certes pas nouvelle. Aujourd'hui on pense beaucoup à Martin Vanier quand on parle de ville-campagne, à ses travaux des années 2000 qui ont mis en avant l'hybridité du périurbain. Mais il y a eu d'autres travaux dans les années 1970, notamment un ouvrage célèbre de Gérard Bauer et Jean-Michel Roux intitulé *La Rurbanisation* – le mot lui-même dit bien ce mélange rural-urbain. Il y a eu aussi des travaux de sociologie : Catherine Bidou est connue pour des travaux pionniers sur la gentrification, mais elle a aussi travaillé sur le périurbain ; une large part des *Aventuriers du quotidien,* publié en 1984, est consacrée aux transformations qui atteignent alors les territoires ruraux en périphérie des villes.

La définition du périurbain comme ville-campagne est donc ancienne, le fait nouveau est qu'elle est devenue dominante. Dans ce cadre, le périurbain se détache de l'image des nappes pavillonnaires et même de l'étalement urbain – du « *sprawl* » comme disent les Américains, c'est-à-dire des quartiers pavillonnaires qui s'étalent de manière continue autour des villes. Le périurbain n'est plus simplement caractérisé par une moindre densité, avec un paysage dominé par l'habitat individuel et par les centres commerciaux, ce qui était la vision proposée par certains dans les débats sur la ville émergente. Plus que cela, le périurbain est un espace hybride, autant urbain que rural : il est urbain parce que lié fonctionnellement à une métropole ; et en même temps, il est rural parce qu'il propose un paysage de clochers avec des champs alentours. Un chiffre illustre cette structure morphologique : selon la définition INSEE du périurbain (qui certes peut être discutée), 85 à 90 % des communes périurbaines ont moins de 2 000 habitants, y compris dans des métropoles telles que Paris ou Lyon. Bref, les périurbains vivent dans un environnement « campagnard » tout en étant placés dans le système d'influence d'une ville.

Ce changement de regard et d'image du périrubain, du « *sprawl* » à la ville-campagne, est essentiel. Avec ce nouveau regard, le périurbain peut être paré des atouts des cités-jardins conceptualisées par Ebenezer Howard au tournant du XIXe et du XXe siècles, pour conjuguer les avantages de la ville et de la campagne sans leurs inconvénients. On prête à Alphonse Allais cette formule : « *On devrait construire les villes à la campagne, car l'air y est plus pur* ». Cette idée a taraudé tous les urbanistes du XXe siècle, des modernistes aux tenants des cités-jardins : comment marier les avantages de la ville et de la campagne – en gros, à la campagne, vous avez l'air pur, la nature, ce que les villes n'offrent pas, mais ces dernières offrent des opportunités de rencontres, de contacts, d'échanges, d'emplois, dont la campagne est dépourvue. Comment bénéficier des deux ?

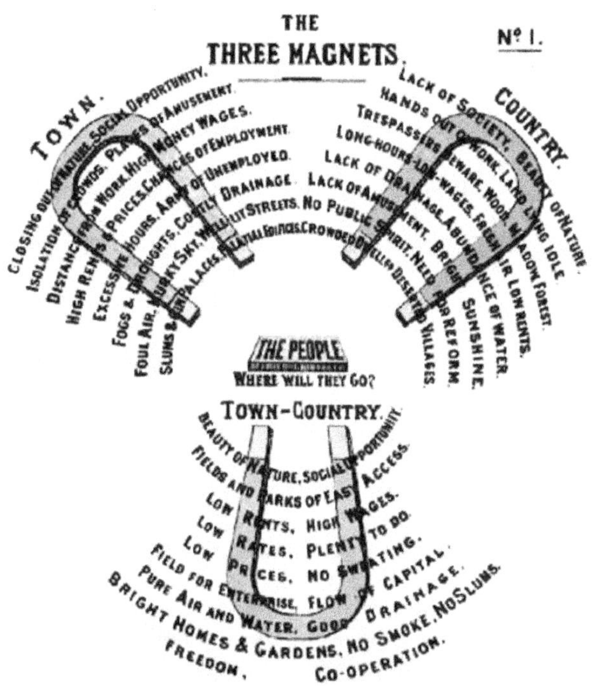

E. Howard (Garden Cities of To-Morrow 1902)

Le périurbain est une réponse à cette quête. Avec ses villages sous l'influence des villes, il est comme l'utopie d'Ebenezer Howard réalisée.

Cette utopie ne s'est pas concrétisée par des plans d'urbanisme, par la planification ; elle a été trouvée par les habitants eux-mêmes. Ce sont eux qui ont inventé la ville-campagne : on habite à la campagne, mais avec la mobilité, essentiellement automobile – ce qui pose évidemment un certain nombre de questions et de problèmes – on accède aux ressources du système métropolitain. On bénéficie des ressources d'une métropole proche et, en même temps, on habite dans un village. Quand on commence à regarder les choses de cette manière, le périurbain apparaît sous un jour assez différent de l'image que donnaient de lui les discours sur le mitage ou l'étalement urbain.

Ce changement de regard, comme je l'ai dit, est variable selon les points de vue. Du côté de la géographie, il n'y a rien de très original dans ce que je dis. Du côté des sociologues, le regard sur le périurbain est dans une phase de transition. Les choses évoluent depuis peu de temps avec des travaux empiriques qui se multiplient. Un ouvrage relativement récent souvent cité comme référence sur le périurbain est celui d'Isabelle Coutant, Marie Cartier, Olivier Masclet et Yasmine Siblot, sur *La France des petits-moyens*. Il s'agit d'un excellent ouvrage, mais qui porte sur la banlieue pavillonnaire plus que sur le périurbain. Cela montre bien que la redéfinition du périurbain comme ville-campagne n'est pas encore complètement intégrée par la sociologie. Des thèses récemment soutenues montrent toutefois que le changement est en cours.

Du côté des sciences politiques, il semble y avoir encore du travail. Le périurbain s'est à peine constitué en objet digne d'intérêt. C'est un peu comme si le périurbain n'existait pas, exception faite de la question du vote Front national. Cette question n'est certes pas négligeable. Elle renvoie toutefois à une appréhension du périurbain comme espace pathologique, comme rebut de l'espace légitime qui serait celui de la ville centre. En dehors de ce sujet, le périurbain n'est pas conceptualisé ou très peu. Je ne suis pas un spécialiste des sciences politiques, mais pour les travaux dont j'ai connaissance, la métropole est d'abord définie comme un centre et des banlieues, les territoires qui se trouvent au-delà sont très rarement intégrés dans le champ des études et des représentations.

Quand on parle de l'image du périurbain, il est bien sûr inévitable de s'interroger sur la question de sa durabilité. Sur ce plan, les changements sont récents et considérables : dénoncé comme la ville « insoutenable » il y a encore quelques années, le périurbain n'est aujourd'hui plus considéré comme l'horreur environnementale. Cette évolution est très liée à la redéfinition du périurbain comme ville-campagne et, au détachement du périurbain de l'image de l'étalement urbain, du « *sprawl* ». Certes, ce détachement reste limité si on analyse les lois qui encadrent les politiques publiques. Encore aujourd'hui, les textes de loi, les politiques en matière de développement durable, sont déterminées par l'hypothèse d'un lien fort entre densité et durabilité des villes : plus les villes sont denses, plus elles seraient durables. C'est que la traduction des travaux de recherche en politiques publiques prend du temps et passe par des voies tortueuses. En tout cas, les chercheurs, qui ont beaucoup travaillé sur ces questions au cours des années récentes, ont remis en cause l'équation « ville dense égale ville durable ». Ils ont montré par exemple que, certes les habitants des centres-villes se déplacent plus en transports en commun, à pied ou en vélo la semaine, mais en même temps, ils partent plus souvent en week-end. En schématisant, les habitants du périurbain sont moins tentés de partir en week-end en avion que les habitants des centres, entre autres parce qu'ils ont un jardin, mais aussi, comme l'a montré Hélène Nessi, parce que la sociabilité locale est forte dans le périurbain, notamment pour les familles et, que cela ancre ces dernières dans leur lieu de résidence le week-end. Bref, si on inclut la mobilité de loisir et, plus exactement les déplacements sur longue distance, le bilan carbone n'est pas autant au désavantage des périurbains qu'on le disait dans les années 1990.

Par ailleurs, pour ce qui est de la densité et de ses effets sur la consommation d'énergie dans le bâtiment, il y a certes un avantage à l'habitat collectif : d'après les travaux de Mindjid Maïzia, à techniques d'isolation équivalentes, la consommation d'énergie diminue avec la densité (jusqu'à un certain point). Mais en même temps, les gains les plus importants sont à attendre des techniques d'isolation des bâtiments. Or, dans ce domaine, l'habitat individuel présente une flexibilité et une capacité d'adaptation plus importantes. Les maisons individuelles sont par exemple plus faciles à équiper en pompe à chaleur que les immeubles haussmanniens. De même, les panneaux solaires peuvent plus difficilement être implantés dans le centre de Paris que sur les toitures des quartiers pavillonnaires ; en outre, la surface disponible en toiture pour le photovoltaïque rapportée au nombre de mètres carrés habitables est beaucoup plus élevée dans le périurbain. Autre exemple, il est plus facile de faire du compost quand on dispose d'un jardin, on a plus de place pour faire du tri entre le verre, le métal, le papier, etc. Il ne s'agit certes pas de tomber dans l'excès inverse de ceux connus avec l'idéalisation de la densité, pour dire que l'habitat individuel est le nouveau graal de la ville durable. L'habitat individuel (à distinguer d'ailleurs de l'habitat périurbain) présente des défauts, à commencer par celui d'être peu viable économiquement pour les réseaux de chauffage collectif. Mais l'essentiel est que l'inconvénient de la faible densité sur la consommation d'énergie dans les bâtiments n'est pas aussi important qu'on l'a longtemps dit.

Dernier sujet qui vaut encore au périurbain les foudres de défenseurs de l'environnement : l'artificialisation. Les médias et les revues professionnelles rappellent régulièrement des chiffres annonçant que l'équivalent d'un département disparaît tous les sept ans sous l'effet de l'urbanisation. De tels chiffres donnent le sentiment que la France est menacée d'une submersion par une marée pavillonnaire et, invitent à une réaction politique forte. Mais là encore, les spécialistes sont en train de mettre en question l'importance de cette menace. À titre personnel, j'ai fait quelques calculs publiés dans *Études foncières*, qui montrent que l'artificialisation n'est pas vraiment un problème en France, en tout cas pas quantitativement – le problème est plutôt qualitatif : il n'est pas de savoir si l'on construit des maisons individuelles ou des immeubles, il est de savoir où on les construit. La réalité est que la France dispose de place pour l'urbanisation et l'extension des villes. Une de sources de la situation actuelle est d'ailleurs que l'espace a longtemps été trop abondant pour que l'on se préoccupe vraiment de la disparition des terres agricoles sous l'effet de l'urbanisation. La France n'est pas les Pays-Bas où le manque d'espace disponible n'a pas laissé de choix : dans ce pays, il a fallu se préoccuper de densification et limiter les extensions urbaines peu denses.

Cela ne veut pas dire que l'artificialisation ne pose pas problème en France. Mais le problème n'est pas tant l'étalement, que la capacité de planifier à l'échelle de régions métropolitaines. La question est plutôt de savoir comment répartir les quartiers d'habitations individuelles, comment raccorder ces quartiers aux gares, aux équipements et aux commerces, etc. La chose n'est pas simple quand on sait que le périurbain est composé pour l'essentiel de communes de moins de 2 000 habitants, qui chacune sont en charge de l'élaboration de leurs propres règlements d'urbanisme. Comment articuler urbanisme et transports collectifs dans un tel cadre ? L'émiettement des territoires périurbains en myriades de « villages », qui sont autant de royaumes indépendants en matière d'urbanisme, est ici le verrou principal.

Allons plus loin dans la prise à revers des discours politiques dominants. On lutte contre un étalement des villes qui, dans les faits est très faible, alors que les extensions qui posent problème concernent des villages que l'on encourage à se développer. Dans ce domaine, les politiques publiques sont pétries de contradictions : on souhaite limiter l'étalement urbain alors que l'extension des villes se fait majoritairement par périurbanisation et que cette dernière est un vecteur de dynamisation des territoires ruraux, dynamisation que les politiques publiques encouragent. On peut penser que la redéfinition du périurbain en rural urbanisé ou en urbain ruralisé va aider à dépasser ces contradictions. Ainsi, quand on a mis au jour la relation existentielle nouée entre le rural et l'urbain dans le périurbain, il devient compliqué de dire que le périurbain est l'horreur environnementale. Cela revient en effet à dire que la campagne est l'horreur environnementale, ce qui semble absurde, il faut en convenir.

Bibliographie

BAUER G. ROUX J-M., 1976, *La Rurbanisation, ou la ville éparpillée,* Paris, Seuil.

BERGER M., 2005, *Les périurbains de Paris. De la ville dense à la métropole éclatée*. Paris: Presses du CNRS.

BIDOU C., 1984, *Les aventuriers du quotidien*, Presses universitaires de France.

CARTIER M., COUTANT I., MASCLET O. SIBLOT Y., 2008, *La France des « petits-moyens », Enquête sur la banlieue pavillonnaire*, Paris, La Découverte.

CHARMES É., 2013, « L'artificialisation est-elle vraiment un problème quantitatif ? », *Etudes foncières*, n° 162, mars-avril, p. 19-24 .

CHARMES É., LÉGER J-M., 2009, édition d'un dossier « Retour sur la Ville émergente », avec des contributions de Chalas Y., Bordreuil J-S. et Ascher F., *Flux*, n°75, janvier-mars, p. 80-98.

CHARMES É., SOUAMI T., 2009, *Villes rêvées, Villes durables ?*, Gallimard, Hors-Série Découvertes.

CHOAY, F. 1994, « Le Règne de l'urbain et la mort de la ville », in J. Dethier & J. Guiheux, *La Ville : art et architecture en Europe, 1870-1993*, Paris, Éditions du Centre Georges Pompidou, p. 26-35.

DUBOIS-TAINE, G. CHALAS, Y, 1997, *La ville émergente*. Éditions de l'Aube.

HOWARD E., 1969 [1898], *Les Cités-jardins de demain,* Paris, Dunod.

JAILLET M-C., 2004, « L'Espace périurbain : un univers pour les classes moyennes », *Esprit.* n° 303. mars-avril, p. 40-61.

MAIZIA M, 2010, « Densité énergétique versus densité urbaine », in Charmes É, dossier « La densification en débat », *Études foncières*, p. 37-38.

NESSI, H, 2013, « Les mobilités de loisir s'invitent au débat. Périurbain versus densité », *Études foncières,* n° 163, p. 20-26.

VANIER, M., 2003, « Le périurbain à l'heure du crapaud buffle : tiers espace de la nature, nature du tiers espace », *Revue de géographie alpine*, vol. *91*, n° 4, p. 79-89.

LES HABITANTS DU PÉRIURBAIN : VERS UNE RECOMPOSITION DES MOBILITÉS QUOTIDIENNES

Lucile Mettetal

Pour l'étudier, il faut le délimiter

Si les débats sur le périurbain sont parfois stériles, c'est que chacun y va de sa propre définition, plus ou moins nourrie de phantasmes et de confusions. Pour les uns, il commence au-delà de la première couronne francilienne et les villes nouvelles en font partie, pour les autres, le périurbain est associé aux communes rurales des confins de la région. Difficile dans ces conditions d'aborder le sujet en toute sérénité. « La France moche », la « France de l'entre soi », la « France périphérique », la « France protestataire »... autant de qualificatifs dépréciatifs qui participent d'une vision très binaire du territoire. Au sein des géographes notamment, l'appréhension de la société périurbaine suscite le débat depuis plusieurs années. Certains tendent à montrer les habitants des espaces périurbains comme des victimes délaissées par une puissance publique indifférente à leur égard, tandis que d'autres les accusent d'être responsables de l'étalement urbain ou coupables de repli individualiste et de mise à distance de toute forme d'altérité.

La seule définition qui nous permette de délimiter le périurbain est celle de l'Insee. Il s'agit d'une catégorie statistique qui repose sur un double critère : un critère morphologique, relatif à la discontinuité du bâti et un critère de dépendance à l'emploi. Selon cette définition, le pôle urbain parisien, qui s'étend maintenant de Mantes à Melun, est entouré d'une couronne périurbaine[1] qui en dépend. Mais où s'arrête le périurbain ? Il déborde largement des limites de la Région sur les huit départements limitrophes de l'Île-de-France et, ce sont plus de 200 000 actifs qui résident dans la troisième couronne et travaillent en Île-de-France. Premier département d'accueil des Franciliens, l'Oise capte, comme dans les années 1990, 3 300 habitants en moyenne par an en provenance de l'Île-de-France. La Marne est le seul département limitrophe à voir partir plus d'habitants vers l'Île-de-France qu'il n'en accueille. Ce sont traditionnellement les couples avec enfants et les retraités qui quittent l'Île-de-France, alors que ce sont davantage des personnes seules, étudiantes ou en début de vie professionnelle qui constituent l'essentiel des arrivées. Parmi les ménages migrants vers la troisième couronne, les ménages peu aisés sont

[1] La couronne périurbaine recouvre l'ensemble des communes de l'aire urbaine à l'exclusion de son pôle urbain. Ce sont des communes ou unités urbaines, dont au moins 40 % des actifs résidents travaillent dans le pôle ou dans les communes attirées par celui-ci.

surreprésentés. Ceux qui vont travailler en Île-de-France sont les plus qualifiés. Les distances que les navetteurs parcourent pour se rendre sur leur lieu de travail ont tendance à diminuer, ils occupent désormais leur emploi principalement en grande couronne.

Ce critère de dépendance à l'emploi du pôle urbain qui permet de définir les communes périurbaines occulte néanmoins la réalité des pratiques du quotidien, dont l'observation révèle des territoires de plus en plus autonomes, tant sur un plan symbolique que fonctionnel. Et rappelons qu'il ne s'agit pas d'une catégorie homogène, le périurbain est une véritable mosaïque de territoires, avec leurs diversités sociales, historiques et paysagères.

Des espaces périurbains variés et de moins en moins atypiques

La morphologie du périurbain francilien illustre sa diversité, elle montre un Ouest varié sur un plan paysager et étoffé en petites et moyennes centralités locales et, un Est à dominante rurale, ponctué de quelques pôles structurants, assez éloignés les uns des autres et peu concurrents entre eux. Dans la couronne périurbaine (870 communes et 1 300 000 habitants) sont incluses des villes petites et moyennes (Rambouillet, Étampes, Meaux, Coulommiers, Fontainebleau...) et plus de 600 communes rurales (presque la moitié des communes d'Île-de-France en superficie mais seulement 3,5% de la population de la région).

Les espaces périurbains n'ont pas non plus la même histoire. La périurbanisation en Île-de-France ne s'est pas faite de manière uniforme. Elle a commencé à l'ouest, dans les années 1960, entre 15 et 30 km de Paris et, on assiste ensuite à une phase d'explosion démographique qui court jusqu'à la fin des années 1980. Le développement commence alors à ralentir, un tassement qui s'amorce tout d'abord dans les secteurs de l'ouest francilien et, qui va s'accompagner d'un déplacement dans des secteurs plus ruraux de l'est seine-et-marnais, puis aux portes de l'Île-de-France et, dans les départements limitrophes. Depuis les années 1990, on observe un ralentissement de cette périurbanisation, avec un développement de plus en plus limité et maîtrisé, d'où des logiques de mutation progressive de ces espaces, voire de maturation (Lionel Rougé et *Alii*). La distance moyenne à Paris des logements récemment construits n'augmente plus, ou peu : le processus de densification affecte tous les types de communes, témoignant d'un freinage net de l'étalement urbain (Martine Berger, 2014).

Ainsi, pour certains territoires, la périurbanisation est presque une histoire ancienne, ce n'est plus de nouveaux arrivants dont il faut parler – ces fameuses populations dont on a dit qu'elles étaient propulsées dans les espaces périurbains – mais de natifs. Un périurbain qui a longtemps été perçu comme une terre d'accueil et qui, progressivement, fait figure de terre d'ancrage (Claire Aragau et *Alii*). Avec le temps le profil des ménages s'est diversifié, effaçant le stéréotype des familles nombreuses de classes moyennes (Martine Berger et *Alii*), un stéréotype longtemps conforté par l'association entre espaces périurbains et lotissements pavillonnaires. Les séparations comme les décohabitations des enfants ont entraîné un accroissement des petits ménages, des célibataires et des familles monoparentales et, la structure par âge du périurbain est aujourd'hui aussi variée que celle de l'agglomération (Martine Berger). Ces évolutions ont modifié la demande en logements, mais l'offre reste aujourd'hui en inadéquation avec cette demande, même si de plus en plus d'élus du périurbain ont pris conscience de la nécessité de construire des petits collectifs en cœur de bourg, notamment pour permettre aux jeunes décohabitants de rester dans leur commune. La part des maisons individuelles dans l'accroissement de l'offre de logements reste élevée, puisqu'elle représente la moitié des constructions récentes, mais elle est en nette diminution dans les couronnes périurbaines les plus denses et les plus proches du pôle urbain parisien (Martine Berger, 2014).

Ce qu'il faut retenir, c'est que l'habitant du périurbain n'a plus un profil socio-démographique différent des autres Franciliens. Si le centre, à savoir Paris et, quelques communes limitrophes se dégagent et creusent cette différence en termes de profils, les écarts entre les autres zones sont relativement (et de plus en plus) minimes.

De nouvelles tendances en matière de mobilité quotidienne

Si on observe l'évolution des navettes domicile-travail depuis la phase d'expansion périurbaine, on constate qu'après une forte croissance des distances parcourues par les périurbains dans les années 1980, il y a eu une inflexion dans les années 1990 et une stabilisation dans les années 2000. La proportion de déplacements vers le centre du pôle urbain (Paris et Petite couronne) tend à diminuer au profit de destinations situées en Grande couronne, aussi bien pour les périurbains franciliens que pour ceux qui résident en dehors de la région Île-de-France. Il semble qu'on ait atteint un palier qui s'explique pour une part par le desserrement des emplois au sein du pôle urbain parisien et, par l'évolution favorable du rapport entre le nombre d'actifs résidents et l'offre locale (Martine Berger et *Alii*). Si un résident de Grande couronne a en moyenne cinq à dix fois moins de chances qu'un Parisien de travailler dans sa commune de résidence ou dans une commune proche, a contrario, les emplois de Grande couronne sont beaucoup plus souvent occupés par des actifs qui résident à proximité que les emplois localisés à Paris (Sandrine Beaufils). Ajoutons à cela qu'une part croissante de la mobilité résidentielle s'effectue dans les territoires de proximité. De fait, les déménagements se traduisent moins souvent par une augmentation des distances domicile-travail (Martine Berger). On note également des évolutions en matière de choix modal, puisque selon la dernière Enquête globale transport (EGT 2010), l'usage de la voiture se stabilise pour les déplacements domicile-travail.

Et si les distances n'augmentent plus entre le domicile et le lieu d'emploi, elles diminuent pour la première fois (EGT 2010) pour tous les motifs de déplacements autres que pour le travail. En effet, les dernières tendances observées en matière de mobilité indiquent des changements de comportements chez les habitants du périurbain francilien qui vont mutualiser, chaîner leurs déplacements, tout en conservant des programmes d'activités identiques à ceux des autres Franciliens, à l'exception des Parisiens qui se distinguent par l'intensité de leur programme d'activités

(Mireille Bouleau, 2014). Autre signe de changement : la vitesse moyenne d'un déplacement dans le périurbain est en baisse ; C'est notamment le résultat de politiques d'aménagement de l'espace public : zone 30, voies bus, circulations douces, brises vitesse...

Des envies de proximité

Répondant à un fort besoin d'ancrage et à une volonté de maîtriser les coûts inhérents à leur mobilité, les habitants du périurbain exploitent de plus en plus les ressources de la proximité. Leur espace de vie, qui au fil des enquêtes n'avait de cesse de se dilater, se reconcentre. Une évolution des pratiques qui montre un attachement au local et, qui s'illustre par un recentrage des activités autour du lieu de résidence (Bonnin-Oliveira et *alii*, 2012). Dans les communes rurales, malgré une offre souvent réduite, 25% des déplacements sont réalisés dans la proximité. Dans les communes principales du périurbain, la proximité concentre près de 50% des déplacements. Des mobilités resserrées qui réinterrogent les cheminements et l'accessibilité aux polarités secondaires et invitent à retisser les continuités rompues.

En réponse aux aspirations des habitants, réconcilier proximité et accessibilité permettrait aux petites polarités des territoires périurbains de s'étoffer. Ces aspirations sont de plus en plus relayées par les élus du périurbain et les réflexions intercommunales en matière de réseaux verts et de cheminements, se développent. Et le potentiel en faveur de la marche et du vélo existe : plus de la moitié des déplacements effectués en voiture ont une portée inférieure à 5 km et, 67% des ménages du périurbain possède au moins un vélo, le taux d'équipement le plus élevé d'Île-de-France. L'enjeu : passer d'une pratique de loisirs et de week-end à un mode de transport du quotidien.

L'analyse de l'évolution des comportements en matière de mobilité montre également un rapport plus distancié à l'agglomération, d'autant plus pour les jeunes actifs et les retraités, dont l'usage des commodités locales est plus prononcé. Pour les aînés, l'agglomération devient le lieu de services exceptionnels et son accès est considéré comme trop compliqué. Les centralités « à taille humaine » qui maillent surtout l'ouest francilien et, vers lesquelles ils préfèrent se rendre en empruntant les « petites routes », profitent de cette dynamique. Ce renouveau du local, du proche, touche également les catégories plus aisées, souvent perçues comme exclusivement « circulantes ». Ainsi l'installation périurbaine acquiert petit à petit des attributs valorisés (Aragau et Poulot, 2012).

Des périurbains affranchis

S'ils restent soumis à des contraintes liées à l'utilisation de l'automobile, les habitants du périurbain de l'ouest francilien[1] expriment aussi une liberté de choix, quand à leurs déplacements. Ils se veulent « acteurs » de leurs mobilités et le caractère hybride des espaces périurbains apparait souvent comme un « champ des possibles ». Les lieux fréquentés montrent une complexification des mobilités, des pratiques et des perceptions : un fonctionnement sophistiqué, moins formaté, moins radioconcentrique, en d'autres termes plus hybride. En effet, l'analyse des déplacements révèlent une mobilité « éparse », au gré des opportunités et des ressources du territoire, un lien distendu à Paris et des appréhensions variées de la centralité. Les habitants de l'ouest francilien sont peut-être assez emblématiques de la variété des comportements de mobilité quotidienne dans le périurbain. La relative proximité de l'agglomération et la présence de centralités locales leur offrent un choix finalement assez généreux, leur permettant de « picorer » entre polarités fonctionnelles, centres villes historiques et micro-centralités auxquelles ils sont attachés pour des raisons tout aussi symboliques que pratiques. À la palette des alternatives s'ajoutent celle des histoires personnelles de ménages aux origines variées et dont le profil s'est diversifié. S'ils ont tendance à « butiner », la recherche de la proximité est une constante, non seulement parce qu'elle permet d'éviter de prendre la voiture, mais aussi parce qu'elle répond à un besoin d'ancrage et d'appropriation de son lieu de vie.

Les périurbains bougent et se construisent leur propre système de déplacement en picorant, explorant et exploitant les ressources (équipements, structures associatives, espaces ouverts) de leurs territoires de proximité : celui de leur commune, de l'intercommunalité voire d'un territoire plus vaste correspondant à leur « bassin de vie ». Plus ou moins large, ce territoire de mobilité dans le temps « hors travail » se recentre autour du lieu de résidence pour la pratique d'activités de loisirs notamment. Ceci tient à la conjugaison d'un désir d'ancrage des périurbains, (dont la faible mobilité résidentielle est un indicateur) et d'un processus d'apprentissage du territoire : il faut du temps pour maitriser le territoire et apprivoiser les usages d'un mode de vie. La réalité périurbaine devient alors familière et se traduit par une évolution des pratiques, comme par exemple un regain d'appétence pour le commerce de proximité et un lien plus étroit avec les espaces naturels qui participent à l'identité de ces territoires.

[1] Interrogés dans le cadre d'une recherche menée pour le compte du Puca : C. Aragau et alii, *Les territoires périurbains : de l'hybridation à l'intensité ?* Gecko-Laboratoire de géographie comparée des Suds et des Nords-Paris Ouest Nanterre et IAU-IdF.

Bibliographie

ARAGAU C., BERGER M., BOULEAU M., LARUELLE, LE GOFF T, MANGENEY, METTETAL L., POULOT M., ROUGÉ L.: *Les territoires périurbains, de l'hybridation à l'intensité* ? Rapport Puca. Mars 2015.

ARAGAU C., BERGER M., ROUGÉ L., « Du périurbain aux périurbains : diversification sociale et générationnelle dans l'ouest francilien ». *Pouvoirs locaux*, 94, 2012.

ARAGAU C., POULOT M., METTETAL L., ROUGÉ L., « Les espaces ouverts dans la fabrique périurbaine : vers l'affirmation de logique de transaction dans les nouvelles recompositions socio-spatiales », *Urbia, 2015.*

BERGER M., ARAGAU C., ROUGÉ L, « Vers une maturité des territoires périurbains ? », *ÉchoGéo*, 27 | 2014.

BOULEAU M., METTETAL L. : « *La mobilité dans le périurbain : désir d'ancrage et nouvelles proximités* ». Note rapide IAU-Îdf N° 646. Mars 2014.

BOULEAU M., METTETAL L., « le périurbain en quête de proximité », *Transports*, 2012.

METTETAL L., « Identités périurbaines : l'ouest francilien », *Les Cahiers*, février 2015

METTETAL L., LE GOFF T., *Les chroniques du périurbain*, iau-idf.fr, 2014-2015.

Les évolutions sociales des populations et leurs parcours résidentiels

CHOIX PAVILLONNAIRE, SOCIABILITÉS ET ANCRAGE RÉSIDENTIEL EN ZONES PÉRIURBAINES. LE CAS DES CLASSES MOYENNES SUPÉRIEURES DIJONNAISES

Matthieu Gateau

Souvent considéré comme un espace dégradé, le périurbain et le mode de vie pavillonnaire qu'il inspire sont depuis de nombreuses années l'objet d'une forme de discrédit. Les habitants, leurs pratiques comme leurs modes de vie ont « *mauvaise presse* » (Billard & Brennetot, 2010) et semblent porter la responsabilité de la surconsommation d'espace et d'énergie, de l'étalement urbain (Hamelin & Razemon, 2012), de la disparition des terres agricoles ou encore de l'appauvrissement du paysage et des formes de l'urbanisation (Cailly & Vanier, 2010).

À la recherche de l'entre-soi (Donzelot, 2004), les représentants de classes populaires et moyennes qui peuplent majoritairement ce « *tiers espace* » (Vanier, 2000) seraient donc engagés dans des stratégies de repli sur soi pouvant conduire à la clubbisation (Charmes et *al.*, 2013 ; Charmes, 2011) voire à la tentation du vote frontiste[1]). Expatriés des grandes villes, ces pendulaires feraient également un usage strictement « dortoir » de leur commune, se faisant complices d'un développement territorial anarchique et appauvrissant où l'habitat pavillonnaire devient « *le cancer des banlieues* » (Raymond et *al.*, 1966, p. 25).

Sans nier l'existence d'une partie de ces faits et effets « indésirables » engendrés par la périurbanisation et une norme pavillonnaire largement stigmatisée par ailleurs (Magri, 2008), certaines des représentations critiques exposées précédemment restent généralisantes, réductrices et souvent parcellaires. Nous souhaitons ici apporter une contribution qui participe de la compréhension d'un phénomène périurbain trop souvent réifié qui n'a pas l'unité, ni sociale, ni spatiale qui lui est trop souvent associée[2]. Pour circonstancier l'analyse, nous allons ici nous attacher aux raisons de l'arrivée en pavillon périurbain puis aux pratiques, notamment

---

[1] Sur la question du vote frontiste en milieux périurbains, voir les travaux et textes de synthèse de Rivière (2012), Girard (2012) et Charmes & al. (2013) qui offrent, sans la nier, la possibilité de relativiser et de situer socialement la tentation du choix électoral en faveur du parti d'extrême droite.

[2] Pour cette raison, il semble judicieux de parler des zones, espaces ou milieux périurbains au pluriel et, non pas du périurbain, tant les territoires et les populations qui y sont installées sont hétérogènes et leur définition problématique. Pour autant, nous ne délaissons pas le terme au profit d'un autre, comme le font par exemple Rougé et al. (2013), en remplaçant le mot « périurbain » par celui de « rurbain » : ces déplacements sémantiques ne résolvent pas la question de la définition et de la circonscription du phénomène périurbain et des multiples réalités qu'il recouvre.

sociabilitaires, de représentants des classes moyennes en ascension sociale. S'ils ne sont pas majoritaires dans ces espaces, les ménages composant ces fractions supérieures des classes moyennes[1] sont nombreux à migrer vers les espaces périurbains et à trouver, dans l'habitat pavillonnaire, un compromis satisfaisant leurs attentes en termes de cadre de vie (Bidou, 1984). Cette décision qui, on le verra, est le fruit de multiples arbitrages au sein des ménages, vient souvent « *consolider ou prolonger des trajectoires sociales ascendantes* » (Debroux, 2013) et atteste aussi d'un renouvellement « par le haut » de ces espaces.

À partir des premiers résultats de deux enquêtes de terrain en cours portant sur les habitants de différents espaces périurbains[2], nous avons pu remarquer que dans les trajectoires résidentielles des ménages représentants les strates sociales qui nous intéressent, le choix de l'habitat pavillonnaire en milieu périurbain est directement fonction d'un registre assez précis de contraintes et d'opportunités. Ainsi, après avoir proposé quelques éléments de méthodologie et de cadrage sur le matériau d'enquête et notamment le choix des fragments de trajectoires ici mobilisés, nous présenterons les résultats exploratoires concernant la causes et les conditions de l'arrivée en habitat pavillonnaire périurbain pour cette population. Nous tenterons ensuite d'apporter un éclairage renouvelé sur la diversité sociale des espaces périurbains tout en étudiant les formes d'insertion sociale de leurs habitants. Nous montrerons alors comment le développement de pratiques localisées et d'une sociabilité importante mais aussi contrôlée peuvent être des éléments intégrateurs déterminants dans l'appréhension du bien-être résidentiel de certains allochtones inscrits dans un processus de sédentarisation et d'ancrage local.

Éléments de cadrage

La première enquête sur laquelle nous nous appuyons, réalisée en partenariat avec la MSH de Dijon et les antennes régionales de la DREAL, du Conseil régional de Bourgogne et de l'ADEME, s'intéresse aux formes et aux enjeux de la densification en Bourgogne[3]. À ce jour, près de 45 entretiens ont été réalisés avec des habitants, des élus, des professionnels de l'habitat ou des techniciens de l'aménagement, dans une douzaine de sites urbains, périurbains et ruraux répartis dans toute la région. En parallèle, une

---

[1] Si cette catégorisation peut être discutable, elle est utilisée ici comme outil d'analyse pour identifier des individus ayant un capital culturel élevé (bac + 2 à bac + 8) mais des revenus par ménages situés dans une fourchette de 4 700 et 7 000 € par mois qui peut être considérée comme confortable mais ne se confond pourtant pas avec celle de l'élite économique. Si l'on connait désormais mieux la nature des relations qui lient les classes moyennes et les espaces périurbains, on sait aussi qu'un propos trop généralisant sur le sujet tend à gommer les différenciations sociales importantes « *au sein même des classes moyennes tout comme des classes populaires* » (Girard & Rivière, 2013). Ainsi, on sait par exemple que depuis plus de 20 ans, le revenu communal par foyer fiscal est en hausse dans les zones périurbaines proches des villes mais aussi qu'il est en déclin dans les villes-centres. Pour autant, il ne faut conclure hâtivement à l'enrichissement de ces communes tant les disparités entre les habitants et territoires sont importantes : si les ouvriers sont surreprésentés dans les communes périurbaines les plus éloignées, les cadres et les catégories sociales supérieures voient leurs effectifs croître à mesure qu'on se rapproche des villes centres (Cavailhès & Selod, 2003).

[2] Voir données de cadrages ci-dessous.

[3] Enquête collective copilotée avec A. Jégou, McF en géographie, Théma, Université de Bourgogne.

enquête sur les trajectoires résidentielles en milieux périurbains, elle aussi en cours, alimente la réflexion avec une quinzaine d'entretiens réalisés et de nombreuses données et observations de type ethnographique.

En tant que territoire, la Bourgogne est peu dense[1], à dominante rurale dans ses quatre départements dans lesquels elle ne compte que 9 grandes aires urbaines (+ 10 000 emplois) concentrant les deux tiers de la population (soit plus d'un million d'habitants) et couvrant 34% du territoire. Dijon, capitale régionale, compte près de 338 000 habitants (aire urbaine incluse) tandis qu'un réseau de villes moyennes de 35 000 à 45 000 habitants maille le territoire régional (Chalon-sur-Saône, Macon, Nevers, Auxerre ou Sens). En outre, la Bourgogne connait un étalement urbain continu depuis une quinzaine d'années avec une hausse de 37% du nombre de périurbains depuis 1999[2]. Ceux-ci sont assez inégalement répartis sur un territoire qui n'est pas homogène et qui fait apparaitre une grande disparité des configurations périurbaines entre départements, mais aussi au sein de zones beaucoup plus restreintes géographiquement. La seconde enquête mobilisée, source principale de ce travail, porte sur les trajectoires résidentielles en milieux périurbains dijonnais, ici trois communes qui comptent respectivement 5 600, 1 100 et 850 habitants et sont situées à quelques kilomètres au sud-est de Dijon. Si ces communes périurbaines ont des morphologies différentes, toutes sont situées dans un environnement immédiat de type rural[3]. Marquées par une prédominance des catégories populaires et moyennes avec une représentation forte des ménages ouvriers et employés, elles sont au cœur de la zone connaissant la plus forte croissance périurbaine de l'aire urbaine dijonnaise. D'ailleurs, bon nombre de leurs habitants effectuent quotidiennement les navettes entre ces communes, Dijon ou sa périphérie immédiate qui constitue un important bassin d'emplois régional[4].

Les enquêtés auxquels nous faisons ici référence sont tous en ménage, parents et possèdent une propriété individuelle qui est aussi leur première acquisition immobilière. Diplômés du supérieur, trentenaires au moment de cet achat, ils sont stabilisés professionnellement et ont des revenus plutôt confortables. Issus de milieux modestes (ouvriers ou techniciens), ils ont tous vécu une ascension sociale qui les positionne dans les classes moyennes supérieures. Ainsi, Pierre (41 ans, infirmier libéral) vit avec Aurélie (42 ans, technicienne de laboratoire) et leurs quatre enfants à Grosbourg depuis qu'ils y ont acheté un pavillon en 2001. Stéphane (41 ans, cadre administratif) et Pauline (39 ans, éducatrice spécialisée) ont fait construire un pavillon en 2007 à Grosbourg où ils résident avec leurs deux enfants. Bertrand (44 ans, cadre supérieur) et son épouse Carole (41 ans, cadre de santé) ont eux aussi fait construire leur pavillon, en 2008, dans la commune de Pleinchamp. Enfin, Sophie (37 ans, responsable commerciale) et son mari Sylvain (42

[1] 52 habitants au km² soit deux fois moins que la moyenne nationale. Insee, *Bourgogne Dimensions*, 2011 ; INSEE, Recensement de la population de 1999 à 2007.
[2] Soit 129 000 personnes supplémentaires.
[3] De fait, elles présentent de nombreuses différenciations, sociales, économiques ou même démographiques, avec les communes périurbaines et l'habitat pavillonnaire davantage urbains étudiés par exemple par Cartier et al. (2008).
[4] La seule ville de Dijon concentre près de 16% des établissements bourguignons. Sources : données CCI Bourgogne, juin 2011.

ans, universitaire) vivent avec leurs deux enfants dans un pavillon à Beauchâteau, acquis en 2006.

Pour tous, l'accès à la propriété et plus particulièrement au pavillon, considéré comme le cadre moral d'épanouissement des familles en périurbain (Jaillet, 2004), est un élément structurant de leur trajectoire biographique et résidentielle. À travers leurs pratiques sociales, économiques ou culturelles locales, plus ou moins intenses, on verra que le périurbain n'est pas qu'un « *refuge pour les 'couches moyennes' menacées de déclassement* » (Debroux, 2013) mais qu'il peut aussi faire l'objet de modes de vie débouchant sur une volonté d'ancrage. Les entretiens sur lesquels nous nous appuyons ici ont été réalisés au domicile des enquêtés ou sur leur lieu de travail (donc pas systématiquement en présence des deux membres du couple), en 2013 et 2014.

Les variables clefs du « choix » du pavillon en périurbain : prix de l'immobilier, proximité et cycle de vie

L'analyse des trajectoires résidentielles permet de repérer les différentes séquences liées aux changements de lieu de vie, en relation avec l'évolution de la situation économique, professionnelle ou domestique des enquêtés. Ici, nous nous concentrons sur la mise à jour des principales variables à l'origine du choix du pavillon individuel en milieux périurbains chez des enquêtés qui ont migré volontairement des villes (voire de leur centre) vers ces zones dites intermédiaires.

D'abord et comme souvent, l'installation en pavillon est directement dépendante d'une double donnée qui contraint les budgets des ménages : les prix du marché immobilier et la distance au(x) lieu(x) de travail. Concernant le premier point, rappelons d'abord que comme dans la plupart des zones urbanisées, on observe dans le périmètre enquêté une diminution, parfois nette, des tarifs fonciers et immobiliers à mesure que l'on s'éloigne de la ville centre, ici Dijon[1]. Cette configuration ordinaire constitue une contrainte de premier ordre qui semble complétement intériorisée pour la plupart des ménages aspirant à la propriété privée, que la maison de ville constitue ou non leur idéal d'habitation. Ainsi, plusieurs enquêtés ont expliqué n'avoir « même pas cherché » une maison à Dijon tant les prix y sont élevés et les biens accessibles peu nombreux. La réalité du marché immobilier local les a aussi conduits à exclure de leur recherche d'importants périmètres, par exemple le long de la côte viticole (sud-ouest de Dijon) où les prix sont prohibitifs. Cette stratification spatiale locale, couplée à de fortes contraintes territoriales, explique d'ailleurs le développement et même la concentration de nombreuses communes périurbaines au sud-est de Dijon, à l'entrée de la vaste plaine de Saône.

C'est dans cette portion de territoire, dans la commune de Grosbourg, que Pierre s'est installé en 2001. Né en 1973, il a vécu jusqu'en 1991 avec sa

---

[1] Au 1/01/2014, d'après les professionnels de l'immobilier, le prix moyen au mètre carré est 2 188€ pour une maison individuelle à Dijon (avec de fortes disparités en fonction des logements et des quartiers de la ville), de 2 060€ à Pleinchamp, 1 957€ à Beauchâteau et 1 769€ à Grosbourg.

sœur ainée et ses parents dans une petite maison située dans un bourg rural de Côte-d'Or. Il est ensuite allé suivre des études de médecine à Dijon, résidant deux ans en cité universitaire. Sa réorientation vers l'Institut de formation en soins infirmiers (IFSI) en 1993 coïncide avec la location de son premier appartement, avant son emménagement, deux ans plus tard avec sa compagne Aurélie[1].

Chef lieu de canton, Grosbourg[2] rassemble près de 5 600 habitants à vingt kilomètres de Dijon. Commune centre, située sur le tracé des principales infrastructures (auto)routières et ferroviaires reliant la capitale dijonnaise à son homologue franc-comtoise, on y trouve l'ensemble des commerces, services, entreprises ou services publics nécessaires à la vie quotidienne. L'offre associative, indicateur de la demande en terme de lien social, y est développée[3]. La commune s'est particulièrement développée entre 1975 et 1990 ; dotée d'industries fleurissantes qui la rendait attractive, elle est alors marquée par une forte croissance démographique (+27%) qui depuis s'est nettement ralentie (+7% environ entre 1999 et 2008). Avec cette hausse de la population et donc des besoins en logements que cela induit, la commune a massivement développé son tissu pavillonnaire et compte désormais près de 60% de maisons individuelles. Son étalement mais aussi sa densification se poursuivent, avec la construction depuis 2014 d'un nouveau quartier de six hectares comprenant 300 logements, dont 30% de logements sociaux (essentiellement situés dans des habitats collectifs). Ce développement continu s'est d'ailleurs traduit par une hausse de la densité moyenne de Grosbourg, qui est passée de 266,5 hab./km^2 en 1968 à 458,8 hab./km^2 en 2008. Il s'est également accompagné d'une politique sociale soutenue en matière de logement, avec un parc de logements sociaux estimé à 26% par l'INSEE[4]. Environ 80% de la populationest active et elle est composée d'ouvriers (34%), d'employés (25 %) et de professions intermédiaires (23%) tandis que le taux de chômeurs, de 12% en 2010, y est supérieur à la moyenne nationale (INSEE, RP 2010). Si avec plusieurs zones d'activités et industrielles regroupant en 2013 une trentaine d'entreprises, Grosbourg rassemble la majorité des emplois du canton (toutes catégories confondues), elle reste cependant très fragilisée par la multiplicité des plans sociaux ayant frappé ses plus grosses industries. À titre illustratif, l'entreprise de composants électroniques installée depuis les années 1960 a procédé a plus de 900 licenciements entre 2004 et 2009, avant sa mise en liquidation judiciaire en 2014 et le licenciement des 180 derniers salariés. Conséquence directe de cet épisode, le nombre de personnes travaillant et résidant à Grosbourg a fortement diminué, passant de 36,9% en 1999 à 26,1% en 2010.

N'ayant connu aucune difficulté d'insertion professionnelle, ils ont tout les deux été recrutés par le Centre hospitalier universitaire (CHU) de Dijon, au sein de services différents. En 1998, à l'occasion de la naissance de leur

[1] Aurélie, dont les parents étaient comme ceux de Pierre ouvrier et employé, est originaire d'un petit village de Haute-Saône. Ainée d'une fratrie de trois, elle a vécu dans la maison familiale jusqu'à ce qu'elle ne parte suivre des études en soins infirmiers à Dijon, où elle était locataire d'un studio. C'est d'ailleurs à l'IFSI qu'elle a rencontré Pierre.

[2] Les noms de communes comme des enquêtés ont été anonymés.

[3] Environ 70 associations, tous registres confondus, sont actives dans la commune.

[4] Les élus de l'équipe municipale sortante (Parti radical de gauche, en place entre 1973 et 2014 où lui succède pour la première fois un élu soutenu par l'UMP) qui ont été rencontrés durant leur mandat ont tous beaucoup insisté sur la politique sociale « exemplaire » de la ville, avançant systématiquement l'argument chiffré selon lequel, au total, le locatif aidé concernerait désormais près de 46% des constructions sur le territoire de la commune.

premier enfant, ils ont emménagé dans une « *grande tour* »[1] située en banlieue dijonnaise. En 2001, souhaitant voir sa famille s'agrandir et désireux, « *depuis un petit moment* », de « *réaliser une opération immobilière* », le couple se « *lance* » dans une recherche immobilière active. Il souhaite alors quitter un environnement « *trop urbain* » pour trouver une maison individuelle à prix raisonnable, dans un cadre plus calme avec ou à proximité des principales commodités.

> « En couple, plus de revenus, besoin d'un petit peu plus d'espace donc d'un appartement plus grand. La petite arrivant, nécessité d'une pièce supplémentaire, donc on passe à l'appartement d'après et, après l'envie d'une maison. Et une envie, pas de s'éloigner, mais de quitter un peu la vie urbaine... En même temps, moi, ma famille est à la campagne, j'ai pas forcément eu envie de retourner vivre à la campagne profonde... par rapport aux gamins, etc. Pourquoi Grosbourg ? L'idée première c'était pas forcément d'aller à la campagne ou dans une zone un peu périurbaine comme ça, c'était surtout de faire une opération immobilière parce qu'on voulait acheter parce qu'on avait une trentaine d'années donc c'était aussi le moment qu'on s'était fixé pour acheter un bien immobilier et, la première idée c'était quand même le prix de l'immobilier qui nous a attirés ici. C'était un peu l'idée de se dire tu as un bien qui correspond à peu près à ce que tu recherches en termes de volumes, de place, de terrain, pour un prix qui était à l'époque largement dans nos cordes financières ».

Construite en 1984 sur sous-sol, cette maison de 170 m^2 est au centre d'une parcelle arborée de près de 700 m^2, située dans un quartier pavillonnaire excentré de Grosbourg, à quelques centaines de mètres des premiers champs. Correspondant autant à leur représentation globale mais pas idéalisée de la maison familiale qu'à leur budget (environ 120 000€), ce pavillon périurbain leur est apparu comme la synthèse de leurs principaux critères de choix, comme la proximité aux équipements et services de la « ville » qu'est Grosbourg, un cadre de vie rural, le respect des contraintes budgétaires et le désir d'un logement spacieux, adapté à la vie familiale, mais pas isolé, etc. L'année suivant ce premier achat et après quelques travaux d'aménagement, le second enfant du couple est né. Un autre évènement, professionnel, est venu en 2004 couronner « *cette très belle période* » selon les mots de Pierre. Ce dernier, grâce au jeu des opportunités, de ses réseaux professionnels et de « *la force des liens faibles* » (Granovetter, 1973), a démissionné du CHU pour s'associer à deux autres praticiens libéraux propriétaires d'un cabinet privé bien implanté à Grosbourg. Ce qu'il décrit comme une véritable « *ascension professionnelle non planifiée* » s'est matérialisée par une hausse sensible du pouvoir d'achat du ménage, dès lors « *bien plus à l'aise* » financièrement. En contrepartie, Pierre a adopté un nouveau rythme de travail et de vie, marqué par une plus grande amplitude de ses déplacements, horaires et jours d'activités, avec des périodes d'astreintes régulières les soirs et les weekends.

En 2008, une nouvelle étape du cycle de vie de la famille a été franchie, avec l'arrivée, pas nécessairement programmée, de jumeaux. Ce

[1] Les mots en italiques ont été prononcés par Pierre et Aurélie.

bouleversement domestique a abouti à de nombreux ajustements professionnels et sociaux, conduisant par exemple Aurélie à faire valoir ses droits à la retraite anticipée de la fonction hospitalière, en 2011, à l'issue de son congé parental[1]. Le couple s'est également lancé dans un important et coûteux chantier de réagencement du pavillon avec l'aménagement des combles, la création de nouvelles chambres, d'une seconde salle de bains, etc. En entreprenant ces travaux d'agrandissement de l'espace habitable du pavillon, dès lors qu'avec des jumeaux « *tout est à repenser... et fois deux !* » et qu'il n'était pas question d'envisager de déménager, Pierre et Aurélie savaient qu'ils s'enracinaient un peu plus à Grosbourg (« *une maison dans laquelle tu fais des travaux, c'est parce que tu as envie d'y rester* »). Depuis, ils continuent, à six et avec de constants ajustements, à trouver sur place les conditions du bien être social et résidentiel qui participe de leur ancrage à Grosbourg où ils se projettent à moyen ou long terme.

Propriétaires depuis 2007, Stéphane et son épouse Pauline ont fait le choix de faire construire un pavillon neuf à Grosbourg. Issus de milieux sociaux modestes, ils sont tous deux originaires de communes rurales de l'Ain où ils ont passé leur enfance, dans un cadre champêtre qui a fortement imprégné leur idéal du bien être résidentiel. À l'issue de leurs études respectives à Lyon et Bordeaux où ils ont vécu seuls puis ensemble en studios, Stéphane et Pauline[2] sont arrivés en Bourgogne en 2000 lorsque ce dernier a trouvé un poste de cadre administratif à Dijon, rejoint quelques mois plus tard par Pauline, à son tour recrutée comme éducatrice spécialisée. Locataire de plusieurs appartements dans la capitale régionale, le dernier de 55 m^2 dans un quartier « *un peu bourgeois* » [3] jouxtant le centre-ville de Dijon, le couple s'est senti « *à l'étroit* » après la naissance de son premier enfant. Cherchant à acquérir un bien immobilier pour lequel ils épargnaient depuis plusieurs années, Stéphane et Pauline ont commencé leurs recherches « *sans idée précise* » en tête. Après une phase de prospection « *tous azimuts* », en dehors de Dijon, ils ont finalement opté, en fonction de leurs contraintes financières et des opportunités foncières, pour la construction d'un pavillon en zone périurbaine. Ainsi, pour environ 180 000€, terrain compris, ils ont profité d'une opération de densification et d'extension du tissu pavillonnaire débutée au début des années 2000 à Grosbourg, « *une petite commune bien équipée et tranquille* ». Avouant n'avoir jamais « *rêvé* » d'un pavillon qui « *n'a rien d'excitant en soi* », Stéphane explique que cet habitat constituait le seul type de bien fonctionnel, avec un environnement adapté à la vie familiale et ce « *à prix encore à peu près raisonnable et abordable* » :

> « Je suis un exemple du dijonnais d'adoption qui quitte la ville pour enfin accéder à la propriété individuelle, avec une maison et un terrain pour les gosses. Le critère premier était quand même financier, avec

---

[1] Elle a repris, depuis 2013, une activité à 50% puis 80% dans le laboratoire d'analyse médical de la commune. La motivation de ce retour à l'emploi est davantage morale et sociale (« *voir des gens et sortir de la routine de la gestion quotidienne d'une famille de quatre gamins* ») que financière, même si son salaire est un « *bon complément* ».

[2] Stéphane, dont le père était ouvrier sur une chaîne de production et la mère vendeuse, possède un DESS (Bac +5) et travaille dans la fonction publique ; Pauline, issue d'un couple de technicien de maintenance et d'une mère au foyer, possède un diplôme d'Etat du travail social (Bac + 3).

[3] Propos tenus par Pauline.

pour nous l'impératif de rester dans un budget correct mais serré pour limiter le montant du crédit. C'est aussi pour ça qu'on ne voulait pas trop s'éloigner de Dijon et retourner dans la campagne plus éloignée, même si les prix y sont encore un peu moins élevés ».

Au-delà de cet aspect budgétaire inévitable, le choix résidentiel du couple s'est également structuré sur l'attractivité de la commune, avec la présence sur place des garderies, écoles, commerces, infrastructures médicales, clubs sportifs et autres offres de services nécessaires à l'établissement de la famille. La proximité de Grosbourg avec Dijon, où travaille le couple, a également été déterminante comme l'explique Stéphane :

> « C'est clair qu'on ne voulait pas faire trop de kilomètres tous les jours pour aller bosser. Avec Pauline on s'était donné un rayon autour du boulot de 15 à 25 kilomètres maximum. Car les déplacements, ça coûte vraiment plusieurs centaines d'euros par mois et c'est du temps perdu en bagnole, parfois en train quand y'a pas grève.... c'est un peu épuisant ».

Ces propos illustrent l'attention étroite portée aux transports, un poste de dépenses non négligeable et peu compressible[1]. Une distance jugée acceptable au lieu de travail est donc toujours l'un des critères récurrents des enquêtés dans le choix en faveur des espaces périurbains. Ces derniers y sont d'autant plus attentifs que la destination périurbaine a généralement impliqué, en amont ou en aval de l'opération immobilière, l'achat d'un second véhicule. De manière générale, la problématique des mobilités, dont « *la structure socio-spatiale des mobilités s'est complexifiée* » (Dodier, 2012), semble être un des rares points de crispations des ménages périurbains rencontrés. Presque tous font état d'une certaine lassitude mais aussi d'une forme de résignation face à l'accumulation des kilomètres, à l'engorgement quotidien des principaux canaux de circulation aux horaires d'entrée et de sortie du travail ou encore à l'augmentation continue du budget transport. Pour beaucoup, les temps de déplacement empiètent toujours plus sur un mode de vie familial où est attendu « le moment de se retrouver » en fin de journée, dans le pavillon, ce « *chez soi* » (Raymond et *al.*, 1966) qui devient ainsi un lieu de réassurance sociale (Jaillet, 2004).

Comme pour Pierre et Aurélie, la trajectoire résidentielle de Stéphane et Pauline s'est ajustée à la constitution puis à l'agrandissement de la sphère familiale, décisive dans la concrétisation du projet d'accession à la propriété individuelle. Cela permet d'insister, s'il le fallait encore, sur la permanence du critère de variations de la taille de la cellule domestique qui apparait bien ici comme une donnée structurante (Goffette-Nagot, 1996). Dans ce processus, le choix de l'habitat pavillonnaire en zone périurbaine est souvent, au sein des couples, le résultat d'un compromis adapté aux besoins d'une famille. Comme l'explique Sophie, la dimension spatiale et environnementale devient centrale lorsqu'il faut composer avec des enfants

[1] En moyenne, d'après nos estimations et les témoignages des enquêtés, l'utilisation quotidienne d'un véhicule personnel pour faire les trajets domicile-travail-domicile (40 à 60 km/jour) induit un coût en carburant de 100 à 150€ par mois en fonction des trajets, des véhicules et du type de carburant. Somme non négligeable lorsqu'elle passe dans une fourchette 200 à 300€ par mois pour les couples utilisant deux véhicules, sans compter l'entretien de ces derniers. Avec des revenus d'environ 4 700€/mois, Stéphane et Pauline disent ainsi être obligés d'avoir une gestion « serrée » du budget qui, si elle limite les extras, privilégie aussi la fréquence des vacances en famille et des weekends à l'extérieur.

en bas âge qui ont aussi besoin de pouvoir bouger, de se dépenser, de faire du bruit. De fait, la maison individuelle, sur une parcelle possédant « *un jardin clos, sécurisant pour les enfants* »[1], est une sorte de référence partagée :

> « C'était clair qu'avec un bébé, il fallait changer de logement et avoir de la place, beaucoup de place. Pour lui comme nous, pour éviter la promiscuité, on voulait une chambre pour chacun et même plus pour la suite si la famille s'agrandie un peu. Le pavillon avec un petit terrain pour les gosses, c'est pas l'idéal absolu mais c'est le meilleur rapport prix-qualité, avec un environnement entre ville et campagne qui nous plait complétement ».

Au cœur de l'ensemble de ces projets d'accession à la propriété, plus que le choix d'une commune en particulier ou d'un type de territoire clairement identifié, c'est bien la recherche d'une maison individuelle pensée comme un lieu adapté à la vie de famille, où il fait « bon vivre » dans un environnement jugé agréable et à proximité des principales commodités, qui prime. Si « *les stratégies résidentielles des ménages à destination du périurbain sont pour une large part commandées par l'évolution conjointe ou synchrone du cycle de vie et du cycle patrimonial* » (Dodier, 2012, p. 54), elles ne correspondent pas qu'« *au choix du nécessaire* » (Bourdieu, 1979) lorsqu'elles conduisent les ménages vers l'habitat pavillonnaire. Elles sont le fruit d'un arbitrage complexe entre de multiples critères géographiques, économiques et sociaux étroitement imbriqués qui sont eux-mêmes corrélés à des représentations concernant des idéaux de vie sur lesquels les enquêtés semblent intransigeants.

À la suite de ces premiers éléments, il semble intéressant, à travers l'examen de leurs pratiques sociales et relationnelles locales, de voir comment ces ménages, une fois installés, investissent leur lieu de vie, s'y s'intègrent voire s'y ancrent, parfois solidement.

[1] Originaires de Dijon et de sa banlieue, Sophie et Sylvain ont été locataires en appartements (par choix) durant plusieurs années à Dijon : jeune couple, étudiants, ils souhaitaient « *profiter* » de la vie « *dynamique* » du centre-ville. Vite entrés sur le marché du travail une fois diplômés (doctorat pour lui et master 2 pour elle), ils ont continué à être locataires afin d'épargner en vue d'un futur achat immobilier commun. Ils ont rapidement pris la décision « *de passer à l'action et de devenir proprio* » à l'annonce de la première grossesse de Sophie, en 2005. Le couple souhaitait en effet accueillir cet enfant dans une « *petite maison confortable, récente et spacieuse pour passer de la vie de couple à celle de famille* ». Avec un budget de l'ordre de 220 000€, ils cherchaient « *une maison non mitoyenne* », plutôt dans des communes associant aménités urbaines et environnement rural à proximité de Dijon où ils travaillent tous les deux. Ils ont finalement trouvé un grand pavillon « *récent et avec un beau jardin pour les petits* » à Beauchâteau en 2006, alors qu'ils n'avaient jamais entendu parler de cette commune. En 2013, leur second enfant est né. Se disant « *parfaitement* » intégré à cet environnement résidentiel et social, le couple compte bien s'y sédentariser.

Diversité des pratiques sociabilitaires et ancrage en milieu périurbain

La question des rapports sociaux est depuis longtemps au cœur des multiples travaux s'intéressant aux habitants et à leur environnement. À cet égard, loin d'isoler socialement nos enquêtés, il semble que la vie pavillonnaire en milieu périurbain soit plutôt propice à l'établissement de formes et de stratégies sociabilitaires diversifiées, plus ou moins denses et fluctuantes dans le temps, mais toujours ou presque au centre de leur représentation du bien-être résidentiel.

À cet égard, le voisinage est en première ligne. En effet, il n'est pas rare qu'à leur arrivée dans leur logement respectif, les nouveaux venus cherchent à entrer en relation avec le voisinage, dont on sait qu'il est un élément facilitant l'intégration des allochtones et qui, à terme, joue grandement dans l'appréciation (ou non) de la qualité de vie. Si, globalement l'entretien d'un minimum de relations de courtoisie, voire de « *cordiale ignorance* » (Charmes, 2005) semble être la norme entre voisins qui, par définition, ne se sont pas choisis, certains récits donnent de précieux indicateurs sur la pluralité des stratégies et des modes d'investissement de ce segment social. Souvent considérée comme superficielle et peu dense, la sociabilité de voisinage peut aussi connaître de fortes variations, avec, parfois, une érosion précoce après une intense période. De ce point de vue, le cas de Bertrand et Carole[1], qui ont fait construire leur pavillon dans un quartier nouveau de Pleinchamp, est éclairant. Au moment de la livraison des maisons aux nouveaux propriétaires, ils expliquent que les stratégies de coopération entre nouveaux voisins ont été fortes et intenses, notamment pour la réalisation collective de travaux secondaires ou de finitions. Doublées de moments conviviaux avec les enfants, souvent prolongés par des soirées, ces relations de bon voisinage impliquant dix à quinze familles ont perduré près de trois ans avant de devenir plus lâches, à mesure que les ménages se sont stabilisés dans leur logement. Au fil du temps, se sont alors multipliés et exprimés des désaccords[2] souvent centrés sur les façons de vivre des uns et des autres, parfois à propos de l'éducation des enfants ou d'autres « *broutilles* »[3]. Alimentés par un commérage local qui peut être un « *instrument d'exclusion hautement efficace* » (Elias, Muel-Dreyfus, 1985, p. 25), ils ont fini par mettre de la distance sociale chez des habitants contraints à la proximité spatiale (Chamboredon, Lemaire, 1970).

---

[1] Bertrand, né en 1970, est cadre supérieur (bac + 5). Fils d'un ouvrier câbleur et d'une mère couturière vivant dans une commune de 6 000 habitants de la banlieue immédiate de Chalon-sur-Saône, il est marié à une cadre de santé dont le père était professeur dans un lycée agricole. Le couple a trois enfants. Après avoir été locataire d'appartements à Beaune, ils ont fait construire en 2008 un pavillon dans la petite commune de Pleinchamp pour un investissement de plus de 265 000€. Avec à l'époque des revenus situés autour de 4 500€ nets mensuels, le ménage a lui aussi choisi cette solution en fonction du triptyque prix de l'immobilier/foncier, distance au lieu de travail et construction de la sphère domestique. En outre, la tranquillité de cette commune entourée de champs et de forêts, la présence sur place d'une garderie, d'écoles ou de réseaux routiers tout comme la proximité immédiate d'une commune plus importante (à 5 km), ont été des facteurs décisionnels décisifs.

[2] Sur le ton de l'anecdote Bertrand nous a ainsi relaté l'épisode de l'achat commun, avec trois voisins, d'un motoculteur. Épisode qui a suscité la jalousie d'autres habitants du quartier pavillonnaire non « intégrés » à cette opération... pour aboutir *in fine* à un refroidissement durable des relations.

[3] Les propos qui suivent sont ceux tenus par Carole.

La commune de Pleinchamp, située à 15 kilomètres au sud est de Dijon et à une petite dizaine de kilomètres de Grosbourg, est l'archétype du bourg rural en développement. Avec 843 habitants en 2011 et une densité de 67,9 hab./km^2, elle connaît une croissance démographique de 2,5% en moyenne depuis 1999. L'essentiel de cette population est composée de personnes actives (environ 77% de la population) dont de nombreuses familles qui travaillent à l'extérieur de la commune (94,3% de la population active)[1]. Le taux de chômage y est faible (5,7% en 2009). Globalement et à titre comparatif, le niveau de vie y est plus élevé que dans la commune de Grosbourg (avec, d'après l'INSEE, des revenus nets déclarés moyens par foyer fiscal de 28 900€ en 2010 à Grosbourg contre 39 000€ à Pleinchamp, en précisant que Grosbourg ne compte que 54% de foyers fiscaux imposables contre 73% à Pleinchamp). Les maisons individuelles, tous types confondus, représentent plus de 95% du parc immobilier de Pleinchamp. Si quelques associations contribuent à l'animation de cette petite commune, seule une boulangerie et quelques infrastructures publiques et associatives y sont implantées.

Pourtant, loin d'être perçu négativement par le couple, le resserrement de ce cercle de sociabilité s'est accompagné d'une forme de sélection sociale des voisins considérés comme « *fréquentables* », sur la base de considérations affinitaires fortes. Ainsi, les liens sociaux se sont délités avec certains voisins à mesure que l'émulation, la bonne entente et la solidarité originelles ont laissé place à la routine et aux tensions inhérentes au quotidien de la vie de la communauté résidentielle. Carole précise également qu'à la densité des relations des premiers temps s'est substituée une forme de qualité, mais aussi un « *retour au calme* » et une vie de quartier plus « *ordinaire* ». Bertrand, Carole et leurs enfants sont finalement restés proches de trois familles avec qui ils entretiennent des relations amicales stables et régulières (apéritifs, repas en commun, fête annuelle de « l'impasse », menus services et même congés en commun). Pour eux, qui accordent une place de choix à leur vie sociale dans la désignation du bien-être, ces liens consolidés participent pleinement d'un sentiment d'intégration avec, à côté de chez soi, « *des gens sur qui on peut compter* ». De fait, se sentant « *bien* » dans leur maison, leur quartier comme dans ce qui est devenu « *leur petit village* », Bertrand et Carole ont entrepris d'importants travaux d'extension de leur pavillon, « *histoire d'avoir de la place pour les gamins qui grandissent et donc d'y rester un moment* »[2]. Confiant de s'être « *appropriés* » les lieux où ils se sentent « *intégrés* », ils s'y projettent avec leurs enfants à moyen voire à long terme, même s'ils sont conscients qu'en grandissant, leurs enfants vont être davantage demandeurs d'activités qui seront nécessairement délocalisées et entraineront de nouveaux ajustements en termes de mobilité. D'ailleurs, la question des transports et plus spécifiquement celle de la mise en place d'un réseau de transports en commun à destination de Dijon suscite l'intérêt de Bertrand et Carole, qui, plus de 6 ans après leur installation, expliquent se considérer « *pleinement* » comme des citoyens de Pleinchamp, arguant même avoir envie de s'investir dans l'espace public local tant ils se disent concernés par la vie communale.

[1] D'après les éléments statistiques fournis par l'INSEE, il n'est pas possible, pour Pleinchamp, d'affiner les données (en termes de CSP notamment).
[2] Bertrand.

Ainsi et depuis la clôture relative de la sociabilité de voisinage, Bertrand a largement développé son réseau interconnaissance local à travers la fréquentation assidue du terrain de football voisin ou sa participation aux activités des associations de parents d'élèves. Soucieux du développement « *harmonieux* » comme de la « *tranquillité* » de sa commune, sans pour autant défendre le modèle de la *gated community* (Charmes, 2005), il a participé en 2011 à une commission composée de villageois qui a lutté contre un imposant projet d'extension urbaine à proximité de sa propriété. Cette expérience participative, qui a aussi fonctionné comme un espace de valorisation sociale, lui a permis de renforcer un sentiment d'appartenance de plus en plus prégnant à mesure qu'il s'établit dans « sa » commune. En 2014, les fruits de cette sociabilité couplés à cet important travail d'ancrage local se sont déplacés sur le terrain politique où Bertrand a pu mettre à l'épreuve son capital social local en constitution en étant élu conseiller municipal (sans étiquette) de Pleinchamp.

Aux premiers temps de leur arrivée sur Grosbourg, époque qu'ils évoquent avec nostalgie. Stéphane et Pauline ont vécu une séquence assez proche en termes de sociabilité collective. Pauline se souvient en effet que la grande majorité des nouveaux voisins, socialement proches et situés dans des configurations biographiques similaires, « *se croisaient, se connaissaient et s'entraidaient* », dans une sorte « *d'euphorie collective* » afférente à la « *joie* » de terminer et de prendre possession des pavillons. Une vie de quartier dense à laquelle le couple aspirait et contribuait s'est alors développée, avec l'envie partagée de créer une sociabilité de proximité essentielle dès lors qu'il « *faut vivre tous ensemble* » :

> « Quand on a acheté on savait que les maisons étaient proches, sur de petites parcelles et donc qu'il y aurait une vie collective presque obligatoire entre voisins. C'est aussi ce qu'on recherchait, sinon on aurait acheté au fin fond de la campagne ou privilégié l'anonymat de la grande ville dans un bel appartement. Et au début ça a bien marché, on bossait ensemble les weekends, on a fait comme ça les murs d'enceinte, les clôtures... Ca a créé des liens, à force de se voir et c'était super sympa ».

Mais là aussi, à l'ouverture des débuts a succédé une phase d'enfermement ou de repli de certains habitants, à nouveau à cause de perceptions différenciées des « *choses de la vie* » qui produisent des tensions et des médisances et fragilisent des liens sociaux encore récents. Dans le cas de Stéphane et Pauline, et c'est un élément qui demanderait à être approfondi, des ruptures familiales suivies des séquences séparation/divorce/déménagement ont également contribué à briser l'atmosphère et l'unité originelles d'un entre soi favorable aux familles. Ainsi, sur une dizaine de couples ayant acheté en même temps qu'eux, cinq se sont séparés[1]. De fait, les temps conviviaux collectifs se sont réduits en

[1] Ils sont trois à proximité des habitations de Sophie et Sylvain ou encore deux dans les pavillons proches de chez Bertrand et Carole. Si ce n'est pas l'objet de ce texte, une analyse des raisons des échecs conjugaux mentionnés serait enrichissante. Parmi les hypothèses qui pourraient être avancées, celle du surpoids de la contrainte économique et de l'investissement constant (matériel et temporel) que nécessitent les pavillons et leur entretien semble être pertinente dans l'explication de l'éloignement des couples, qui plus est lorsqu'ils sont jeunes parents.

fréquence et en participants, les repas de quartier qui ont eu lieu les premières années ont progressivement cessé et l'ambiance générale s'est dégradée avec l'apparition d'un « *malaise* » face à ces multiples séparations puis déménagements qui ont désorganisé la vie sociale du quartier.

Près de huit ans plus tard, Stéphane et sa famille ont gardé des relations soutenues avec seulement trois familles, qui sont aussi celles dont ils sont socialement les plus proches. La contraction de ce réseau social de voisinage constitue un épisode quelque peu douloureux pour le couple qui, répétons-le, considère que la vie pavillonnaire est nécessairement collective et génératrice de liens sociaux. Stéphane et Pauline disent ainsi avoir eu quelques doutes quant au fait de se sédentariser dans une commune à laquelle ils s'étaient attachés mais où leur intégration restait à leurs yeux partielle, avec un vif déficit de sociabilité. Ayant échoué dans leur entreprise « d'animation » du quartier (Bidou 1984) et sur la base de cette reconfiguration des relations sociales locales, ils ont alors mis en place d'autres stratégies sociabilitaires, d'abord en se recentrant sur leurs réseaux d'interconnaissance extra-locaux constitués de leurs amis de longue date situés à Dijon ou dans leur région d'origine. C'est ensuite en investissant davantage la scène scolaire où la fréquentation quotidienne d'autres parents d'élèves offre la possibilité de rencontres répétées qu'ils ont pu recréer des liens sociaux de proximité puis entrer progressivement dans de nouveaux cercles de sociabilité.

Dans l'établissement de relations sociales localisées, l'importance de l'école est donc évidente et bien comprise par des enquêtés à la recherche de liens sociaux. Le témoignage de Sophie qui, lorsqu'elle a emménagé avec Sylvain à Beauchâteau, ne connaissait « *rien ni personne sur la commune* », est à cet égard édifiant :

> « Moi, encore plus que Sylvain peut-être, j'étais super demandeuse de rencontrer des gens pour ne pas me sentir assez vite fait isolée hors travail, enfermée dans mon pavillon, certes joli, mais sans vie sociale à côté. Après ça s'est fait assez rapidement à travers l'école, c'est-à-dire qu'en emmenant le petit à la maternelle puis en primaire, du coup tu rencontres d'autres parents, sur plusieurs années et il y a des affinités qui se créent ; de fil en aiguille, tu rentres dans un premier petit réseau. Et puis tu te rends compte après que tu en revois certains régulièrement, par exemple si tu fais tes courses dans tel supermarché du coin plutôt que dans les grosses commerciales de Dijon, ou si tu fréquentes telle association ou le club de loisirs pour enfants... Pour ma part, c'est vraiment comme ça que je me suis fait des copines du coin et puis après des amis que tu présentes à ta famille et que tu invites chez toi. C'est comme ça que je me suis bien entourée ! ».

C'est donc à la fois par la fréquentation des parents d'élèves mais aussi par la (re)localisation de ses pratiques puis la découverte de nouveaux espaces sociaux, publics, associatifs ou culturels, que Sophie a pu construire de nouveaux réseaux relationnels affinitaires. Elle a finalement travaillé les conditions d'une vie sociale locale relativement développée puisque dans cette sociabilité résidait les conditions de son bien-être personnel mais aussi résidentiel. Elle précise d'ailleurs qu'avec son réseau d'interconnaissance local, elle a pu s'intégrer « *plus facilement* » dans sa commune qu'elle a aussi découverte à travers les pratiques et représentations de ses amis dont certains sont des autochtones, de véritables « *gars du coin* » (Renahy, 2005). Satisfaite d'un environnement dans lequel elle a facilement accès « *à tout ce dont peut avoir besoin une famille pour vivre sur place* » et d'une vie sociale importante qu'elle appelait de ses vœux, elle se projette et souhaite poursuivre cet ancrage à Beauchâteau. À tel point qu'elle a intégré fin 2013, avec son époux, le bureau d'une association de promotion culturelle et du patrimoine local et qu'elle prospecte aussi sur place pour trouver un pavillon de plain pied pour ses beaux-parents vieillissants.

> La commune de Beauchâteau, 11 00 habitants, est située à 17 km de Dijon et à environ 7 km de Grosbourg comme de Pleinchamp avec qui elle partage la même densité de population. Présenté comme un village rural et agricole, Beauchâteau est composé d'une écrasante majorité de maisons individuelles (94,4%), de quelques commerces de proximité et petites entreprises (électricité, maçonnerie, transport, communication...) ou encore d'une dizaine d'associations qui jouxtent les onze exploitations agricoles toujours en activité. Avec une population composée de trois quart d'actifs ayant un emploi et un taux de chômage de 5,7%, les habitants de Beauchâteau, dans leur grande majorité, travaillent à l'extérieur de la commune (85% des actifs ayant un emploi). Ils sont ainsi très nombreux à effectuer quotidiennement les trajets entre la commune et Dijon, beaucoup y occupant des postes dans la fonction publique (73,4% des hommes actifs et 81,1% pour les femmes). Avec une proportion de foyers fiscaux imposable de 71% en 2010, Beauchâteau est celle qui parmi nos trois sites d'enquête accueille la population la mieux dotée économiquement, avec des revenus nets déclarés moyens de 43 500€ et un taux de propriétaires de 85%.

Pour terminer et compléter notre propos, il convient de s'arrêter quelques instants sur une autre stratégie sociabilitaire qui, si elle semble plus exceptionnelle, n'en demeure pas moins intéressante pour comprendre les rapports parfois complexes qu'entretiennent entre eux, et avec les autres, les résidents. En nous appuyant sur l'exemple de Pierre et Aurélie, nous souhaitons ici montrer que la sociabilité, qui est sous diverses formes recherchée par les enquêtées, peut aussi faire l'objet d'un contrôle plus ou moins strict et donc d'une véritable stratégie d'encadrement relationnel. Ainsi, si à leur arrivée à Grosbourg, Pierre et Aurèlie n'avait aucune connaissance sur place et passaient encore beaucoup de temps à Dijon où ils travaillaient alors, c'est là aussi par la scolarisation de leurs enfants qu'ils ont pu tisser des premiers liens avec deux ou trois familles de Grosbourg dont on soulignera à nouveau la proximité sociale[1]. C'est ensuite l'installation de Pierre en libéral qui a fortement impacté leur vie sociale. En effet, depuis 2004 qu'il sillonne la commune de Grosbourg et son canton quotidiennement (dont il revendique connaître « *à peu près la moitié de la population* »), Pierre a vu croitre son réseau d'interconnaissance locale, composé pour majorité de patients et de professionnels de santé. Personnage reconnu dans l'espace public local[2], Pierre est identifié comme

[1] Il s'agit pour l'essentiel de professionnels de santé. Plus globalement, le couple recense trois autres familles dans son réseau élargi d'amis qui ont toutes des positions sociales proches et des modes de vie relativement confortables, illustrant là encore la stabilité du modèle homophile dans le choix de ses amitiés (Mercklé, 2011).

[2] Notons que Pierre n'a jamais souhaité jouir de son « pouvoir notabiliaire » (Weber, 1971) : plusieurs fois sollicité par les différentes forces municipales locales, il a toujours refusé d'assurer des responsabilités politiques, fussent-elles locales. Son rapport global à la question politique, qui l'intéresse grandement à l'instar de la plupart des enquêtés, reste marqué par la

« *l'infirmier du coin* » ; identification qui lui vaut d'être constamment salué voire sollicité et ce « *partout* » où il va dans le canton. S'accommodant de cette situation à laquelle il participe assez largement en raison d'un caractère plutôt avenant voire bavard, Pierre tient cependant à limiter cette « médiatisation » et ses effets à la sphère publique et professionnelle, avouant que dans l'espace privé qui est celui du pavillon et de la vie familiale, il cherche avant tout à (se) préserver une certaine tranquillité :

> « Le problème que moi je rencontre là, et ça c'est inhérent à mon travail sur le canton, c'est que je ne suis pas tranquille non plus. C'est-à-dire que les gens qui sont autour du jardin que je loue pas loin de la maison, c'est des gens que je connais, ce sont pour la plupart des patients à moi, donc même si eux ont un respect de ma vie privée... mine de rien c'est des gens que... j'ai pas cette tranquillité, à part d'être au milieu d'un bois, ou d'être complètement sorti, de faire 70 km... J'ai plus cette possibilité là mais c'est quelque chose que je retrouve quand je vais faire mes courses, quand je vais chercher du pain, quand je vais acheter un bouquin à la presse, c'est... je fais malheureusement parti de ce qu'on appelait avant les notables de la ville, mais qui ne sont absolument plus des notables hein, enfin je ne me considère pas du tout comme tel, mais tu sais un personnage public, où les gens te connaissent donc forcément toi tu dis bonjour aux gens parce que... Y'a aussi un peu de commercial dans mon travail parce que tu es obligé de plaire aux gens et les gens eux te connaissent parce que tu es entré dans leur vie à un moment ou à un autre, plus ou moins superficiellement et quelquefois plutôt plus que moins... Donc les gens ont envie de te rendre des choses, ou essaient de sympathiser parce qu'ils t'apprécient, etc. Donc j'ai plus cette tranquillité parce que j'ai une imbrication dans le tissu local qui fait que bah.... Alors c'est vrai que le fait de partir de la maison pour le jardin me permet moi d'avoir une heure à moi, un peu plus tranquille, si je suis peinard au jardin, c'est bien... ».

Usant de stratégies d'évitement pour contrôler sa tranquillité, Pierre se retire dès qu'il le peut dans son « jardin », un terrain communal qu'il loue dans une zone excentrée située derrière le cimetière municipal[1]. Très concerné par l'éducation de ses quatre enfants, Pierre cherche non pas l'isolement mais plutôt l'évasion, morale et sociale, lorsqu'il dispose d'un peu de temps libre. C'est ainsi lorsqu'il se retrouve seul, « *loin des autres, loin du bruit !* » qu'il parvient le mieux à « *décompresser* ». Ces petits temps préservés, aussi rares que précieux à ses yeux, impliquent alors une stratégie de repli social qui s'accomplit aux beaux jours dans « *la fuite, tout seul et en silence !* » vers le jardin communal.

Cette volonté de contrôle de la sociabilité se retrouve également dans le choix assumé de développer des relations certes courtoises mais aussi très mesurées avec son voisinage immédiat. S'il précise que ce sont tous des

---

résignation tant il explique être déçu des représentants politiques locaux comme nationaux. S'il se sent idéologiquement proche des idées de gauche, il avoue ne plus croire en aucune offre politique ni partisane… et confesse son envie de ne plus se rendre jusqu'aux urnes, lassé de « *toujours faire des choix par défaut* ».

[1] Où même là-bas, les voisins sont « *souvent d'anciens patients aussi... mais plus calmes !* ». Notons que dans sa propriété, Pierre dispose d'un jardin et d'un petit potager qui donne directement sur la rue et le met donc potentiellement face aux (nombreux) passants du quartier, toujours prompts à s'arrêter discuter quelques instants.

gens « *sympa* », à qui il a déjà eu affaire professionnellement parlant pour la plupart, il confie aussi avoir toujours été plus ou moins sur la réserve avec ses voisins, soucieux de ne pas trop cultiver une proximité qui peut (vite) devenir envahissante. Depuis qu'il a quitté le CHU, ce minimalisme moral s'est accentué d'autant plus que son activité professionnelle souvent décalée et chronophage contraint fortement ses disponibilités et, par extension, l'espace des possibles en termes de temps libérable pour l'entretien de la sociabilité. C'est aussi pour cela que, les rares weekends où il ne travaille pas, il combat le risque d'intrusion sociale afin de préserver le peu de temps qu'il peut consacrer à sa famille et, en second plan, à ses amis. En d'autres termes, les obligations professionnelles de Pierre, combinées à un travail de contrôle de la sociabilité, participent de la sélection des relations sociales à prioriser, qu'elles soient locales ou extralocales. C'est à ce prix que cette relative « *tranquillité* », essentielle à une qualité de vie privée et familiale qu'il préserve et entretien, est assurée à Grosbourg.

Conclusion

À travers les quatre trajectoires typiques qui ont été analysées, nous avons d'abord identifié et réaffirmé la force de trois facteurs spécifiques qui s'enchevêtrent dans le choix des ménages moyens supérieurs en faveur du pavillon en milieu périurbain : le prix de l'immobilier et du foncier, la distance au lieu de travail et la construction ou consolidation de la sphère domestique. Ces critères économiques, géographiques et biographiques, s'ils ne sont pas exclusifs, sont imbriqués et guident les enquêtés dans leur décision de s'établir à la fois en pavillon, mais également en zones périurbaines. Ces dernières font, au-delà des critiques usuelles à leur égard, l'objet d'une représentation relativement partagée où sont associées la proximité, la tranquillité et la qualité de vie, mais aussi la possibilité de ne pas renoncer à une certaine offre sociale, culturelle et même relationnelle qui serait moins fournie dans les campagnes plus profondes ou les périurbains plus éloignés. En décentrant la focale sur des groupes sociaux qui ne sont pas les plus représentatifs de la vie périurbaine et pavillonnaire, on s'aperçoit que les fractions supérieures des classes moyennes trouvent elles aussi dans le pavillon périurbain un compromis entre des représentations, un idéal de vie et un ensemble de contraintes budgétaires, professionnelles ou familiales. Pour ces accédants à la propriété individuelle, la variable biographique et la position dans le cycle de vie sont particulièrement déterminantes, jouant le rôle de déclencheur de la décision mais aussi du type d'achat immobilier envisagé.

Dans un second temps, nous avons souhaité contester la thèse trop souvent avancée d'un repli sur soi systématique en milieu périurbain, en montrant la variété des pratiques de sociabilité mais aussi leur évolution diachronique. Avec un continuum de positions allant de la sociabilité étendue et intégratrice, à la sociabilité ajustée en passant par la sociabilité contrôlée, il apparaît que la création de liens sociaux locaux demeure, pour la population investiguée, un facteur conditionnant fortement les représentations, l'appréciation du bien être et, *in fine*, les possibilités même d'un ancrage local réussi. Celui-ci se repère alors dans la localisation des pratiques sociales, économiques ou culturelles des habitants, voire dans leur implication en faveur de leur lieu de résidence à travers une inscription dans la sphère vie associative ou politique locale qui peut venir parachever un processus de sédentarisation. Par conséquent, l'adhésion au modèle du pavillon familial en périurbain, qui participe d'un sentiment « *d'estime et de respectabilité sociale* » (Girard & Rivière, 2013), n'est pas assimilable à un choix par défaut voire à un non choix mais demeure bien le fruit d'un consensus au sein des ménages.

En soulignant la diversification sociale des habitants de ces espaces autant que leur souhait d'investir leur lieu de vie, la présente contribution invite donc à partir de résultats exploratoires à l'élargissement de la compréhension d'un phénomène pour lequel il est nécessaire de limiter les formes de réductionnisme qui, si elles peuvent être commodes pour la compréhension immédiate, n'en restent pas moins partielles, caricaturales et en définitive faiblement heuristiques. Il s'agit enfin de rappeler l'intérêt des enquêtes microsociologiques ou ethnographiques qui, en variant les échelles d'analyse et en étant attentives à la pluralité des configurations locales, permettent de mieux saisir l'hétérogénéité sociale et la diversité des modes « *de vie périurbain* » et pavillonnaires (Dodier, 2012).

Bibliographie

BIDOU C., *Les Aventuriers du quotidien. Essai sur les nouvelles classes moyennes*, Paris, Presses universitaires de France, 1984.
BILLARD G., BRENNETOT A., « Le périurbain a-t-il mauvaise presse ? Analyse géoéthique du discours médiatique à propos de l'espace périurbain en France », *Articulo - Revue de sciences humaines*, 5, 2010, http://articulo.revues.org/1372.
BOURDIEU P., *La distinction. Critique sociale du jugement*, Paris, Éditions de Minuit, 1979.
CAILLY L., VANIER M., *La France. Une géographie urbaine*, A. Colin, 2010.
CARTIER M., COUTANT I., MASCLAT O., SIBLOT Y., *La France des petits moyens. Enquête sur la banlieue pavillonnaire*, Paris, La Découverte, 2008.
CAVAILHÈS J., SELOD H., « Ségrégation spatiale et périurbanisation », *Inra Sciences Sociales*, n° 1-2, 2003.
CHARMES É., LAUNAY L., VERMEERSCH S., « Le périurbain, France du repli ? », *La vie des idées*, 28 mai 2013, http://www.laviedesidees.fr/IMG/pdf/20130528_periurbain.pdf.
CHARMES É., *La Ville émiettée. Essai sur la clubbisation de la vie urbaine*, Paris, PUF, 2011.
CHARMES É., « Entre ouverture et fermeture : les rapports à autrui dans les tissus périurbains », in Haumont B., Morel A, *La société des voisins. Partager un habitat collectif*, Paris, Maison des sciences de l'Homme, 2005, pp. 109-121.
CHAMBOREDON J.-C., LEMAIRE M., « Proximité spatiale et distance sociale. Les grands ensembles et leur peuplement », *RFS*, 1970, 11-1, pp. 3-33.
DEBROUX J., « Pourquoi s'installer en périurbain ? Une explication par les trajectoires sociales », *Métropolitiques*, 15/11/2013, http://www.metropolitiques.eu/Pourquoi-s-installer- en-periurbain.html.
DODIER R., *Habiter les espaces périurbains*, Rennes, PUR, 2012.
DONZELOT J., « La ville à trois vitesses : relégation, périurbanisation, gentrification », *Esprit* 403, 2004, pp. 14-39.
ELIAS NORBERT, MUEL-DREYFUS F., « Remarques sur le commérage », *Actes de la recherche en sciences sociales*, vol. 60, 1985, pp. 23-29.
GIRARD V., RIVIÈRE J., « Grandeur et décadence du « périurbain ». Retour sur trente ans d'analyse des changements sociaux et politiques », *Metropolitiques*, 3/7/2012, http://www.metropolitiques.eu/Grandeur-et-decadence-du.html.
GIRARD V., « Les votes à droite en périurbain : « frustrations sociales » des ménages modestes ou recompositions des classes populaires ? », *Metropolitiques*, 30/04/2012, http://www.metropolitiques.eu/Les-votes-a-droite-en-periurbain.html.
GOFFETTE-NAGEOT F., « Choix résidentiels et diffusion périurbaine », *Revue d'Économie Régionale et Urbaine*, n° 3, 1996, pp. 229-246.
GRANOVETTER M. S., « The Strength of Weak Ties", *American Journal of Sociology*, 78, 6, 1973, pp. 1360-1380.
HAMELIN E., RAZEMON O., *La tentation du bitume. Où s'arrêtera l'étalement urbain ?*, Paris, Rue de l'Echiquier, 2012.
INSEE, *Recensement de la population*, 2010, insee.fr.
JAILLET M.-C., « L'espace périurbain : un univers pour les classes moyennes », *Esprit*, n° 303, p. 40-62, 2004.

MAGRI S., « Le pavillon stigmatisé. Grands ensembles et maisons individuelles dans la sociologie des années 1950 à 1970 », *L'Année sociologique*, 2008, 1, 58, p. 171-202
MERCKLÉ P., *La Sociologie des réseaux sociaux*, Éd. La Découverte, 2011.
RAYMOND H., HAUMONT N., DEZÈS M.-G., HAUMONT A., *L'habitat pavillonnaire*, Paris, CRU, 1966.
RENAHY N., *Les gars du coin. Enquête sur une jeunesse rurale*, Paris, La Découverte, 2005.
RIVIÈRE J. « Sous les cartes, les habitants. La diversité du vote des périurbains en 2012 », *Esprit*, 393, mars-avril 2013, pp. 34-44.
RIVIÈRE J., « Le vote pavillonnaire existe-t-il ? Comportements électoraux et positions sociales locales dans une commune rurale en cours de périurbanisation », *Politix*, 21, 83, 2008, pp. 23-48.
ROUGÉ L., GAY C., LANDRIÈVE S., LEFRANC-MORIN A., NICOLAS C. (dir.), *Réhabiliter le périurbain. Comment vivre et bouger durablement dans ces territoires ?*, Paris, Loco/Forum vies mobiles, 2013.
VANIER M., « Qu'est-ce que le tiers espace ? Territorialités complexes et construction politique », *Revue de géographie alpine*, 88, 1, 2000, pp. 105-113.
WEBER M., *Économie et société*, Tome 1, Paris, Plon, 1971.

DIVERSITÉ CULTURELLE ET IMMIGRATION DANS LES ESPACES PÉRIURBAINS : L'EXEMPLE DE LA VILLE « NOUVELLE » D'ÉVRY

Abdoul Hameth BA

Cette contribution tente de répondre à deux questions liant immigration, culture et aménagement urbain :

- comment s'expriment les nouvelles formes d'appropriation des espaces périurbains ?
- quels sont les nouveaux services liés à la présence des immigré(e)s dans les zones périurbaines ?

Les analyses proposées dans cet article portent d'une part sur les pratiques territoriales et culturelles des populations immigrées ou issues de l'immigration et, plus précisément, sur celles qui habitent les zones périurbaines et, d'autre part, sur les nouveaux équipements et services liés à la présence de ces populations.

Les résultats présentés sont le fruit d'un travail d'observation directe à l'échelle de la communauté d'agglomération d'Évry centre Essonne (CAECE) et plus précisément à l'échelle de la ville d'Évry. Mes observations ont débuté en 2002 (date de mon installation dans la CAECE), j'ai pu assister régulièrement aux différentes manifestations culturelles organisées par les associations dont celles issues de l'immigration (une fête des associations est organisée annuellement par chaque ville membre de la communauté d'agglomération). C'est ainsi que j'ai fait le constat d'une vraie dynamique culturelle des populations issues de l'immigration. Pour mieux cerner cette dynamique culturelle, je questionne régulièrement les responsables d'associations culturelles, les élus de la ville d'Évry en activité et en charge de la vie culturelle ou les anciens élus ayant participé aux premiers projets d'aménagement de la ville d'Évry, les chargés de missions de la CAECE, les anciens résidents (vieux des quartiers), les responsables des lieux de culte (cathédrale, mosquée), la présidente de l'agence nationale des arts sacrés (ANAS) à Évry. Ce premier travail de terrain permet de présenter des résultats qualitatifs intéressants montrant les types de métamorphose liés à la présence de populations issues de l'immigration d'un espace périurbain.

La littérature sur le fait migratoire montre que l'accentuation des mobilités géographiques contemporaines et la volonté politique de promouvoir la diversité culturelle permettent des transformations plus ou moins visibles des paysages urbains européens dans des domaines variés (architectural, animation culturelle démographique, pratique territoriale...). On constate que l'installation définitive des immigré(e)s peut occasionner l'émergence de centralités mouvantes liées aux formes d'usages réguliers ou éphémères des espaces urbains et périurbains par ces mêmes populations.

En effet, de tout temps, les très grandes villes ont exercé une forte attraction sur les populations immigrées. La ville de Paris n'échappe pas à cette règle. Elle ne cesse d'accueillir des populations d'origines diverses. Aujourd'hui, à Paris, un habitant sur 7 est étranger. Au sein de ces résidents étrangers, on dénombre plus de cent nationalités. Cette forte concentration de la population étrangère et immigrée en région Île-de-France est le résultat d'un long processus. En France, une modification des politiques migratoires en 1974 a entrainé le fait que l'immigration d'installation s'est substituée à l'immigration temporaire. Cette modification de la politique migratoire a eu des effets sur l'espace et les sociétés. En effet, les immigrés originaires des pays d'Afrique ou d'Asie s'étant définitivement installés en France, ils ont adopté des comportements nouveaux en termes de pratiques territoriales et culturelles (résidence, emplois, culture, loisirs…). Le regroupement familial consécutif à l'immigration d'installation a aussi modifié la structure démographique des immigrés. Désormais, hommes, femmes, enfants du même pays, voire du même groupe ethnique composent la population immigrée.

L'augmentation numérique d'hommes, de femmes et d'enfants issus de l'immigration a entraîné des besoins nouveaux, voire des revendications nouvelles de la part de cette catégorie de population.

C'est pourquoi, il nous semble intéressant d'interroger l'évolution du rapport entre immigration et inter-culturalité dans les zones périurbaines. Plus précisément, comment les immigrés habitant dans les zones périurbaines pratiquent-ils leur culture ? Comment s'approprient-ils « un bout » de territoire dans les espaces périurbains ? Comment valorisent-ils leur lieu de vie ?

Afin de mieux situer l'évolution des enjeux culturels et interculturels dans le temps et dans l'espace, il nous parait utile de faire un détour rapide sur le phénomène migratoire dans la ville de Paris et ses périphéries d'une part et, les politiques culturelles en insistant sur la question du lien entre immigration et émergence d'activités et d'espaces culturels dans les zones périurbaines d'autre part.

Des périphéries qui attirent des familles d'immigrées

La ville de Paris a connu plusieurs vagues migratoires, d'abord la vague européenne au début du XIXe siècle (immigrés italiens, belges, polonais, allemands, portugais, espagnols…) puis la vague maghrébine au lendemain de la seconde guerre mondiale (algériens, marocains, tunisiens), suivie de la vague d'Afrique subsaharienne au début des années 1960 et plus récemment la vague asiatique. La région capitale (Île-de-France) concentre le plus grand pourcentage d'étrangers (12% pour la région IDF, 6% pour la France métropolitaine). Il est vrai qu'elle offre plus de perspectives en termes d'emploi dans différents secteurs Toutefois, l'accès au logement pose problème pour tous et particulièrement pour les populations issues de l'immigration africaine. En effet, la taille des ménages, les faibles revenus des populations immigrées, la cherté du foncier dans Paris *intra-muros* expliquent « l'expulsion » de ces familles vers la périphérie. On assiste alors à une concentration de plus en plus forte des ménages immigrés dans les zones périurbaines dans lesquelles prédominent des logements sociaux (c'est le cas de Montreuil considérée comme la deuxième ville malienne après Bamako tant la population d'origine malienne y est importante). La ville d'Évry, notre terrain d'études est un cas particulier, son parc du logement est représenté par 45% de logement sociaux. Elle attire, depuis sa création, une population immigrée aux revenus modestes. Aujourd'hui, on recense plus de 30 nationalités étrangères dans le quartier des Pyramides à Évry.

Les périphéries de Paris demeurent donc les lieux de résidence « privilégiés » ou obligés des immigrés. Dans le même temps, la ville de Paris continue de maintenir les activités économiques tenues par les migrants. Les commerces « ethniques » vendant des produits en provenance des pays d'origine, des migrants se sont implantés progressivement dans les grands boulevards de Paris (quartier de la Goutte d'or, boulevard Saint-Denis, quartier Chinois de Belleville). Le géographe Vasoden Vuddamalay a décrit, au début des années 2000, ces enclaves dominées par le commerce dit ethnique. Fait nouveau, mais logique, les communes périurbaines (petite couronne ou grande couronne) qui concentrent une forte population immigrée accueillent à leur tour ce type de services commerciaux et bien d'autres (salon de coiffure, restaurant, banque, cabinet d'avocat...) pour répondre aux demandes variées des migrants.

Au total, les besoins des migrants se multiplient et se diversifient alors que les réponses des pouvoirs publics des pays d'accueil ne sont pas toujours à la hauteur des attentes.

La diversité culturelle : un concept séduisant mais qui doit faire face à des replis identitaires

La présence d'étrangers originaires des anciennes colonies a suscité diverses politiques successives : d'abord une politique d'assimilation, ensuite une politique d'insertion et enfin une politique d'intégration (Todd E., 1994, Withol De Wenden C., 1999 ; Weil P., 1991). Les deux premières accordaient peu d'importance à la culture des immigrés. En effet, elles n'envisageaient pas la dynamique d'échanges culturels entre populations immigrées et populations d'accueil. Il faut dire que les concepteurs de ces politiques étaient marqués par la période coloniale durant laquelle la suprématie de la civilisation, des cultures occidentales sur la civilisation et les cultures des anciennes colonies est célébrée. Aussi rien n'encourageait l'immigré à exprimer publiquement ses valeurs culturelles. C'est avec l'avènement des politiques d'intégration vers la fin des années 1980 que commence la prise en compte progressive de la spécificité des cultures des immigrés. Aujourd'hui dans la période dite post colonial « officiellement », aucune civilisation, aucune culture n'est considérée comme supérieure à une autre. Par conséquent les discours et les leviers d'action ont changé. D'autres voies sont explorées pour faciliter le vivre ensemble entre personnes d'origines culturelles diverses et vivant sur un même territoire. C'est ainsi que la notion de l'altérité, de la diversité culturelle est convoquée pour expliquer le respect de chaque culture. Autrement dit, l'expression de la « culture immigrée » est désormais rendue possible et elle est encouragée par les pouvoirs politiques. Il suffit de voir les subventions accordées par les collectivités locales ou territoriales aux associations culturelles étrangères à partir de 1981(Ba A. H., 2007).

Toutefois ce nouveau modèle montre aussi ses limites. En effet, le regroupement des personnes de même origine culturelle sur un même territoire (dans le même quartier voire dans la même rue ou immeuble) ou le regroupement temporaire qui permet une expression culturelle ou cultuelle (prière du vendredi chez les musulmans – voir photo) est perçu par certains comme un encouragement au communautarisme, contraire à l'altérité. Se pose alors une nouvelle question : comment les pouvoirs publics et les immigrés vont se sortir de cette contradiction ?

Les édifices religieux imposants : signe d'une appropriation de l'espace urbain par les immigrés

Dans beaucoup de capitales occidentales, la présence de commerces ethniques (C. De Wenden et V. Vuddamalay, 2003) reste un phénomène banal. En revanche, l'apparition dans les zones périurbaines européennes d'édifices religieux d'immigrés originaires d'Afrique ou d'Asie est un fait rare et très récent. Ce phénomène offre aux chercheurs en sciences sociales et humaines l'occasion de questionner les modes de transmission de la dimension culturelle dans l'épisode migratoire. La construction des édifices religieux suscite beaucoup de débats (mode de financement, architecture, emplacement…) et interrogent le processus d'introduction par les immigrés d'un rapport nouveau pour ne pas dire d'un usage autre à l'espace périurbain.

En France, il faut rappeler que les migrants de confession musulmane ont sollicité dans un premier temps des salles de prières à l'intérieur des foyers (lieu de résidence des primo migrants). Mais lorsque la population immigrée augmente et se diversifie, elle quitte les foyers. Elle réclame alors des terrains pour construire des mosquées (d'architecture arabo-musulmane discrète). En effet, de tous les éléments du paysage urbain ou périurbain qui marquent la présence des immigrés, les édifices religieux semblent les plus visibles. La commune d'Évry située dans la grande couronne (25 km de Paris) constitue un exemple unique. Elle possède deux édifices religieux récents qui témoignent de la diversité de la population immigrée : une mosquée inaugurée en 1994, une pagode en construction et quasi achevée. Ces artéfacts augurent l'introduction de « centralités éphémères », de nouveaux rapports de forces dans les zones périurbaines. Le cas de la mosquée d'Évry illustre bien notre propos. Elle a été financée par les immigrés et par des dons de pays étrangers, elle reste la troisième plus grande mosquée d'Europe. La cathédrale d'Évry, autre édifice inaugurée en 1996 reste le dernier édifice de ce genre construit dans le monde. Nos entretiens montrent que ce sont les immigrés africains de confession catholique qui fréquentent régulièrement et majoritairement cette cathédrale. La messe du dimanche est souvent célébrée par un curé africain. La pagode troisième édifice cultuel important dans le paysage urbain évryen est aussi considérée comme le plus grand édifice cultuel bouddhiste en Europe. L'histoire de ces trois édifices religieux est liée à l'évolution de la composition sociodémographique d'Évry mais surtout aux politiques culturelles et d'aménagement voulus par les élus de la ville nouvelle. Toutefois ces édifices suscitent plusieurs questions :

Comment reconfigurent-ils la trame urbaine et augurent-ils une nouvelle physionomie des zones périurbaines ? Quel est le rôle de ces lieux de rencontres cultuelles dans la construction d'un vivre ensemble (relations interreligieuses) dans des communes où les limites administratives n'ont plus de sens pour les usagers alors que leurs maires tentent, tant bien que mal, de démontrer qu'ils ont encore un pouvoir sur la construction et le maintien des équipements sportifs, culturels, cultuels ? On pourrait aussi interroger la place des immigrés dans la gestion et l'animation de ces lieux de rencontre. On constate que les pratiques territoriales y compris culturelles des résidents et les politiques culturelles en vigueur entretiennent des relations complexes parfois conflictuelles.

D'autres questionnements surgissent comme les processus de transmission des valeurs culturelles des immigré(e)s dans les zones périurbaines. Dans tous les cas, ces édifices par leurs tailles, leur architecture, leur emprise spatiale constituent des repères dans la ville. Il n'est pas étonnant que dans les années à venir des noms comme *quartier de la pagode, quartier de la mosquée* apparaissent. Cette toponymie future participera de l'histoire urbaine d'Évry.

La fréquentation de ces édifices justifie et justifiera des (ré)aménagements de la voirie, la création de services (c'est déjà le cas dans les rues proches de la mosquée – voir photo).

Des évènements culturels et cultuels liés à la vie de ces centres culturels pourront devenir des grands rendez-vous (ce sera le cas de la pagode…) et donc participeront à l'animation de la ville.

La mosquée d'Évry est en passe de devenir un centre, elle est fréquentée chaque jour par des centaines de fidèles. Chaque vendredi, c'est 3 000 voire 4 000 fidèles venant des villes limitrophes qui viennent prier dans cette mosquée. D'autres activités s'y déroulent régulièrement (apprentissage de l'arabe, conférence).

La mosquée est devenue un lieu où la solidarité entre croyants s'exprime à plein régime (chaque vendredi, des associations sollicitent des dons et peuvent recueillir jusqu'à 3 000 euros).

Les environs immédiats de la mosquée sont investis à d'autres fins. On a pu observer lors des dernières campagnes législatives et municipales, des candidats issus de l'immigration investir ses alentours pour diffuser des tracts et discours et appeler à voter pour les candidats issus de l'immigration. Il faut dire que les mosquées en France sont des lieux fréquentés quasi exclusivement par des personnes issues de l'immigration africaine. L'espace cultuel devient-il le lieu de l'expression politique des populations issues de l'immigration ? C'est la question des formes d'usage des espaces publics qui est posée.

Mosquée d'Évry, sortie des fidèles après la prière du vendredi (cliché : Abdoul H. BA, 2011)

Cathédrale d'Évry (cliché : Abdoul H. BA, 2011)

Pagode en cours de construction (cliché : Abdoul H. BA, 2011)

Boulevard des Champs Élysées à Évry (boucherie hallal et banque marocaine à 300 m de la mosquée) (cliché : Abdoul H. BA, 2011)

Conclusion : une immigration source de dynamique culturelle et urbaine

Mais au-delà de ces faits ci-dessus cités, ce qui nous semble important à souligner dans ce travail sur les formes d'appropriation des espaces périurbains liées à la présence des immigrés, c'est que dans le cas d'Évry, des édifices religieux (micro territoire) d'une grande envergure car de rayonnement national et international sont gérés et ou animés par les immigrés. C'est une forme d'appropriation du territoire singulière. En effet, les immigrés définissent et organisent en toute liberté des activités en lien avec leurs cultures. Il y a là une vraie appropriation d'un espace. Ces lieux permettent aux personnes nées en France, mais issues de parents immigrés, de s'imprégner de la culture (partie cultuelle) de leurs parents. Pour les parents c'est un défi relevé car ils ont réussi à transmettre une partie de leur civilisation, de leur culture. Il faut rappeler que pour certains la religion est le marqueur le plus fort de la culture. Ces jeunes issus de l'immigration imprégnés de la culture de leurs parents partagent ou partageront à leur tour leur pratique cultuelle avec des « français de souche ». Alors se met en marche en douceur l'inter-culturalité. C'est cette image que donne à voir les périphéries urbaines. Évry en est un exemple, un laboratoire au sein duquel il est possible d'étudier en profondeur (approche quantitative et qualitative) :

- le rapport entre immigration et inter-culturalité ;
- le rôle que le phénomène migratoire a joué et continue à jouer dans la modification des territoires périurbains.

Bibliographie

APUR, 2006 et 2013.

BA ABDOUL H., 2007, *Acteurs et territoires du sahel*, éditions ENS Lyon.

CLAVAL P., 1995, *La géographie culturelle*, Éditions Nathan-Chinois de France, 2005, revue Hommes et migrations n°1254 mars- avril 2005.

GUYARD J., 2003, *Évry Ville nouvelle*, 1960-2033, la troisième banlieue, Espaces Sud.

MATTELART A., NEVEU E., 2008, Introduction aux cultural studies, *collection Repères*, la Découverte.

TODD E., 1994, *Le destin des immigrés. Assimilation et ségrégation dans les démocraties occidentales*, Paris, Seuil.

WEIL P., 1991, *La France et ses étrangers*, Paris, Caman-Lévy.

WITHOL DE WENDEN C., 1999, *L'immigration en Europe*, Paris, La documentation française.

VUDDAMALAY V., WITHOL DE WENDEN c., 2003, *Existe-t-il des métiers ethniques ?* Éditions Corlet.

MUTABILITÉ DES TERRITOIRES ET DE L'HABITAT PÉRIURBAINS : L'EXEMPLE D'UNE COMMUNE DE L'ESSONNE

Laurence Costes et Marlène Ghorayeb

Le « mythe de la banlieue[1] » ou la référence toujours très présente, y compris symbolique, à la ville centre historique en périphérie de laquelle la banlieue au sens large s'est constituée, continue à imprégner les représentations associées aux territoires périurbains. Les évolutions de ces territoires sont essentiellement abordées en tant que périphérie par rapport au centre en soulignant l'importance des distances par rapport à celui-ci et ses répercussions sur les temps de transport, les difficultés dans l'accès aux loisirs, voire aux équipements, le coût foncier plus avantageux. Or l'actualité souligne un changement de paradigme au regard des mutabilités qui les touchent. Ces territoires s'orientent vers une forme de maturité[2] et connaissent des processus de transformation qui appellent à reconsidérer le prisme centre/périphérie par lequel ces derniers sont appréhendés.

En effet, habiter le périurbain n'est pas forcément subi, il est aussi choisi. Les populations ont alors des projets d'installation qui ne se réduisent pas au simple fait de se loger mais s'accompagnent d'une appropriation plus affirmée par une identification directe au territoire et non par référence à la ville centre. Il ne s'agit pas non plus d'un « refus des centres de ville[3] ». Les désirs à l'origine de ce choix pouvant être motivés par un environnement plus proche de la nature, une sociabilité plus villageoise, un mode de vie plus apaisant, une volonté « d'ancrage et de nouvelles proximités[4] » qui perturbent une certaine quiétude des interprétations d'une installation « par défaut » souvent associée à ces territoires. Mais au-delà des évolutions des motivations et des logiques d'ancrage qui s'y impriment, nous émettons l'hypothèse que les évolutions des territoires du périurbain se révèlent aussi à travers les mutations de l'habitat, notamment à travers le pavillonnaire qui reste le mode de logement privilégié de ces territoires en raison des politiques de logement qui se sont succédées dans le temps[5]. L'habitat est, en ce sens, un bon indice de l'évolution des modes d'habiter et donc des modes d'appropriation qui traduisent à cette échelle les mutabilités de ces territoires

[1] Bevort, H, Rousseau A : « La banlieue, mythe politique français » in *Revue Esprit* « Tous périurbains ! », Mars-avril 2013 (pp. 83-97).
[2] Rougé, L : « Vivre en lotissement pavillonnaire : entre spécificités et uniformité », Habiter dans le périurbain, *Les cahiers* n°161, IAU îdf, 2012 (pp.31-34).
[3] Charmes, É, Launay, L, Vermeersch, S : « Le périurbain : France du repli ? » *www.laviedesidées.fr*, 28 mai 2013.
[4] Institut d'Aménagement et d'Urbanisme (2013) « Habitat participatif : un nouvel élan ? » *Note Rapide IAU* , n°626. Juillet.
[5] Cf. Lambert, A : « Tous propriétaires : l'envers du décor pavillonnaire », Seuil, Paris, 2015.

On évoquera ici la notion de mutabilité, plus que de mutations, dans le sens où l'on tend à une adaptation aux changements liée notamment aux évolutions de ses populations et à leurs aspirations. Que peut-on identifier comme transformation possible de l'habitat les concernant ?

Le « rêve pavillonnaire » : un mythe désormais inopérant

L'histoire du pavillon établi en marge des villes remonte à l'origine de l'habitat ouvrier de la fin du XIXe siècle. À la faveur de la loi Loucheur de 1928, les premiers lotissements se construisent. Mais le grand tournant se dessine à partir des années 1960 encouragé par les politiques publiques de l'accès à la propriété. Le développement de l'habitat pavillonnaire s'est affirmé comme l'alternative à l'échec des grands ensembles. Il a pour corollaire une urbanisation fondée sur l'usage de la voiture et la construction des infrastructures routières. Le centre commercial avec son hypermarché est sensé générer une convergence au milieu de ces espaces qui ne relèvent pas de la ville et encore moins de la campagne. Ainsi les travaux pionniers de l'Institut de sociologie urbaine en 1966[1] soulignaient à quel point cet habitat pavillonnaire très méprisé car associé à la banlieue, donnait un ancrage aux habitants et y affirmait l'importance de l'appropriation. L'espace pavillonnaire, à la différence des grands ensembles, permettant une « certaine appropriation par le groupe familial et par les individus de leurs conditions d'existence », aussi comme le précise Henri Lefebvre le « monde pavillonnaire » offre une possibilité de « personnaliser », il contient un niveau affectif et symbolique. « L'idéologie pavillonnaire » renvoie dès lors à un ensemble de représentations, à un niveau utopique : « qu'attendent de lui ceux qui l'habitent ? Rien de moins que le bonheur[2] », voire à un « mythe » en référence à la naturalité dans laquelle « se retrouvent pour se restituer singulièrement dans une sorte de rêve éveillé, le bonheur « vécu » et la conscience qui le vit, l'illusion et le réel. Ce rêve éveillé, c'est le discours du pavillonnaire, son discours quotidien, pauvre pour les autres, riche pour lui[3] ». De même les travaux de Marie-Christine Jaillet[4] ont aussi mis en évidence dans les années 80-90 l'importance attachée à l'acquisition de la maison individuelle alors signe de « distinction sociale » à laquelle les classes moyennes et populaires ne pouvaient parvenir que dans les zones financièrement accessibles pour elles, dans les périphéries plus éloignées du centre. Le pavillon ou la maison individuelle a de la sorte largement accompagné l'étalement urbain, en tant que « matière première et quasi exclusive du formidable développement spatial du territoire habité observé ces trente dernières années[5] » au point d'être étroitement associé à l'image des territoires périurbains.

---

[1] Raymond, H, Haumont, N, Dezs, M-G, Haumont, A *L'habitat Pavillonnaire*, Paris, L'Harmattan (Habitat et sociétés), 1966.

[2] Lefebvre, H : *Préface à L'habitat Pavillonnaire* Raymond, H, Haumont, N, Dezès, M-G, Haumont, A L'habitat pavillonnaire, Paris, L'harmattan (Habitat et sociétés), 1966 (p. 18).

[3] Lefebvre, H : Op. Cit, 1966. (p. 19).

[4] Jaillet, MC : « L'espace périurbain, un univers pour les classes moyennes », *Esprit* , Mars-Avril 2004 (pp.40-63).

[5] Dias, D, Langumier, J, Demange, D : « Mutabilité du périurbain : Le modèle pavillonnaire face aux crises énergétique et environnementale » *Annales de la recherche urbaine*, n°104 Juin 2008 (pp. 149-156).

Or ce mode de logement se heurte à plusieurs freins contemporains. L'étalement urbain caractérisé par l'habitat pavillonnaire consumériste d'espaces agricoles et d'énergie, est incompatible avec une pensée écologique. En effet, pour lutter contre l'étalement et s'inscrire dans une démarche de développement durable une densification de ce tissu pavillonnaire s'impose. Le pavillonnaire, longtemps emblématique de la maison familiale n'est plus adapté à l'évolution des formes familiales et des modes de vivre ensemble. La cellule familiale connaît une diversité de situations. Les nouveaux modèles de la famille recomposée et de la famille monoparentale conduisent les enfants à demeurer alternativement dans plusieurs foyers. Dans tous les cas de figure, le départ des enfants se traduit par une vacance et marque une étape. Par ailleurs, le vieillissement de la population engendre des situations d'isolement des seniors, d'affaiblissement des revenus et une difficulté à gérer les exigences de cet espace de vie. Emergent aussi de nouvelles sociabilités qui transgressent la satisfaction du huis clos familial et qui contredisent également l'idée d'un « repli sur soi[1] » à laquelle cet habitat a souvent été assimilé. Ainsi, la conception de l'habitat pavillonnaire n'est plus synchronisée avec les différentes temporalités. L'habitat en périurbain ne répond plus à la figure unique de l'habitat pavillonnaire, ses populations évoluent, l'habitat qui les accompagne également.

Un territoire en évolution : L'exemple de la commune d'Igny

La commune d'Igny est assez significative de l'évolution d'un territoire périurbain : située à l'extrême nord-ouest du département de l'Essonne, en région Île-de-France et intégrée à l'agglomération parisienne, 60% de son territoire est aujourd'hui urbanisé. Jusqu'au début du XXe siècle, Igny, tout comme sa population, est essentiellement agricole. Après la première guerre mondiale, une population ouvrière et commerçante s'y installe. La forme d'habitat qui s'étend alors est individuelle (cabanons, petites maisons, lotissements,..) et empiète peu à peu sur l'activité agricole. C'est à partir de la seconde moitié du XXe siècle que des logements pavillonnaires et collectifs se développent (plus de 30% du parc du logement se construit dans les années soixante). Pendant près de 20 ans, la commune connaît une croissance rapide. À partir des années quatre-vingt la poursuite de ces transformations fait passer Igny d'un territoire rural à un territoire résidentiel. Actuellement elle regroupe environ plus de 4 000 logements[2] avec une part dominante de 95% de résidences principales et un peu plus de 3% de logements vacants. La part des résidences secondaires est quant à elle plus faible (moins de 1%). La commune est dominée par l'habitat individuel pavillonnaire, caractérisée par une faible emprise bâti (tant à l'échelle de la ville qu'à l'échelle des parcelles) et un fort taux d'espaces privés. L'habitat individuel concerne deux logements sur trois et abrite 70% des ménages. À

[1] Cf. Charmes, É : « Les communes périurbaines face à la métropole : sécession ou intégration fonctionnelle ? » *www.metropolitiques.eu*, 1/07/2013.

[2] Source : Rapport de présentation-Diagnostic-Etat initial de l'environnement-Exposé des dispositions de PLU cité dans rapport Gestion de Projet « Site d'Igny », Master 2 Développement Social Urbain, UEVE, 2012/13.

Igny les ménages sont majoritairement propriétaires de leur logement : en 2006 sont recensés plus de 65% de propriétaires contre 30% de locataires. La part des locataires répond aux obligations de la loi Solidarité et Renouvellement urbain (SRU)[1].

Photos : visite IGNY - DES Mutations urbaines

Par ailleurs, située au cœur des réseaux franciliens, la commune bénéficie d'une desserte de transports en commun assez importante (RER, TGV, Bus) à laquelle s'ajoute un réel « maillage routier et autoroutier francilien », mais en dépit de cette offre de transport en commun importante, le mode de transport privilégié par les habitants reste majoritairement la voiture.

La commune d'Igny a ainsi fait l'objet d'une recherche[2] menée en 2013 dans le cadre d'un partenariat entre l'École spéciale d'architecture (ESA) et l'université d'Évry-Val-d'Essonne en lien avec le CAUE de l'Essonne pour identifier les initiatives d'appropriation par les habitants de leur quartier et les potentialités d'urbanités qui pouvaient être générées. Elles ont été saisies essentiellement à travers le prisme de l'habitat autour de questionnements sur la réversibilité, l'identification, la mutualisation, la densification.

En effet, face à l'aménagement du pôle Paris Saclay[3] regroupant plusieurs organismes de recherche, grandes écoles, entreprises privées, lancé

---

[1] La loi du 13 décembre 2000 relative à la Solidarité et Renouvellement Urbain (SRU) impose aux communes de plus de 1 500 habitants en région Ile de France de disposer d'au moins 20% de logements sociaux.

[2] Cf : Rapport Gestion de Projet « Site d'Igny », Master 2 Développement Social Urbain, UEVE, 2013 et Rapport de recherche « Igny/Bouray » École spéciale d'architecture (ESA) DES Mutations Urbaines 2013.

[3] Paris-Saclay est un pôle scientifique et technologique en cours d'aménagement à vingt kilomètres au sud de Paris, sur une zone couvrant 49 communes des départements de l'Essonne et des Yvelines. Sa construction, lancée en 2006 doit durer de quinze à vingt ans.

en 2006, les communes environnantes – dont celle d'Igny – vont être confrontées à de nouvelles vagues de populations composées de nouveaux salariés, de jeunes actifs, d'étudiants, en quête d'un logement à proximité du site. Ces populations vont entraîner des transformations dans ces communes face aux conditions de leur accueil impliquant de nouveaux services, équipements, mais aussi une reconversion ou adaptation – de l'habitat. Les transformations sociales qui affectent la commune sont assez représentatives de ce que l'on retrouve sur une partie des territoires périurbains. Quelles peuvent être les transformations et les aménagements de l'habitat pavillonnaire pour répondre à ces nouvelles exigences sociales et environnementales ?

La densification de certaines zones périurbaines amène, en effet, à repenser le mode d'habiter de l'habitat pavillonnaire vers un modèle « d'habitat évolutif » qui puisse intégrer la diversité de ces populations et la pluralité des modes de vie qui lui correspondent. La reconversion, ou transformation de l'habitat est alors une voie possible pouvant favoriser l'adaptation et l'accueil des nouvelles populations à venir.

Pour un « habitat évolutif »

Les études menées par l'équipe de recherche ont ainsi permis de dégager des potentialités de transformations en s'appuyant sur les caractéristiques communes des habitats pavillonnaires. Plusieurs scénarios ont été envisagés.

Une première proposition liée à la densification peut trouver sa concrétisation à travers le projet BIMBY (Build In My Back Yard). Le projet BIMBY est une voie alternative visant à construire dans les tissus pavillonnaires existants afin de favoriser la densification tout en respectant les préoccupations environnementales[1]. Elle débouche sur la division des maisons individuelles en deux unités. Ses avantages sont de permettre la division de la parcelle d'un pavillon en implantant dans le jardin un autre habitat. Cette implantation peut se concevoir en fond de parcelle, ce qui suppose un passage à travers le jardin pour y accéder. Cette hypothèse de densification offre plusieurs avantages. Tout d'abord de pouvoir recycler un habitat devenu non adapté aux évolutions familiales : la décohabitation des enfants, le vieillissement de la population et la présence de retraités, les familles monoparentales suite à des ruptures familiales, n'ont pas les mêmes besoins. Elle peut aussi favoriser l'habitat intergénérationnel en permettant aux personnes plus âgées une solution à l'isolement en conservant un rapprochement avec leurs enfants et/ou petits enfants tout en gardant une indépendance, une meilleure adéquation avec les temporalités liées aux différentes périodes de la vie. Ensuite cette option permet un apport financier grâce à la vente d'une partie du terrain ou de sa location.

[1] Voir Benoît Le Foll & David Miet, « Construire dans mon jardin et résoudre la crise du logement. Cinq idées clés pour comprendre la filière BIMBY », *Métropolitiques* , 18 mars 2013. L'ensemble des travaux de la filière BIMBY est accessible sur le site www.bimby.fr.

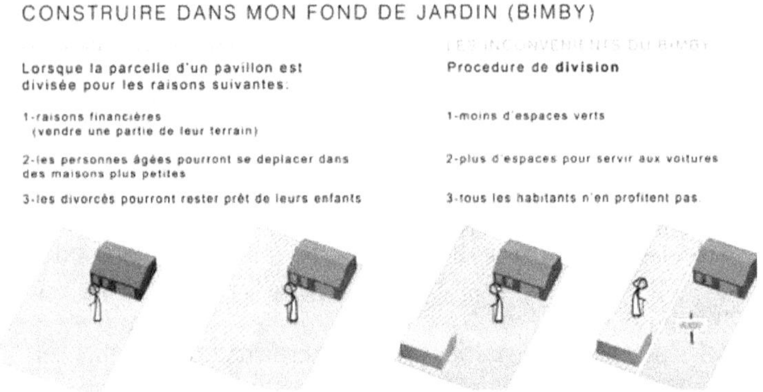

Source graphisme : projet de recherche ANR, 2009. Le Foll, B et Miet, D

L'autre orientation vise à favoriser de la sociabilité à travers la mutualisation des équipements. Cette hypothèse cherche à requalifier la rue de l'îlot pavillonnaire en lui attribuant de nouvelles fonctions. En effet, la rue conçue pour la voiture dans le simple objectif d'accéder au garage est exploitée ici pour la mise en valeur de nouveaux espaces ou équipements collectifs favorisant la sociabilité. Cela peut prendre la forme d'une mise en commun de services pouvant répondre à des besoins collectifs adaptés au quotidien des populations : espace de jeux pour les enfants, de parcours de sport équipés, d'une aire de pause ou de pique nique d'une « caisse à outils » à partager… autant d'aménagements imaginés et conçus pour répondre aux besoins des habitants qui offrent également des potentialités d'interactions, des moments collectifs de partage. La présence de ces équipements peut dès lors modifier considérablement la frontière entre l'espace privé et public, redessiner les contours de l'espace public et rompre l'association de l'habitat pavillonnaire au « repli sur soi ».

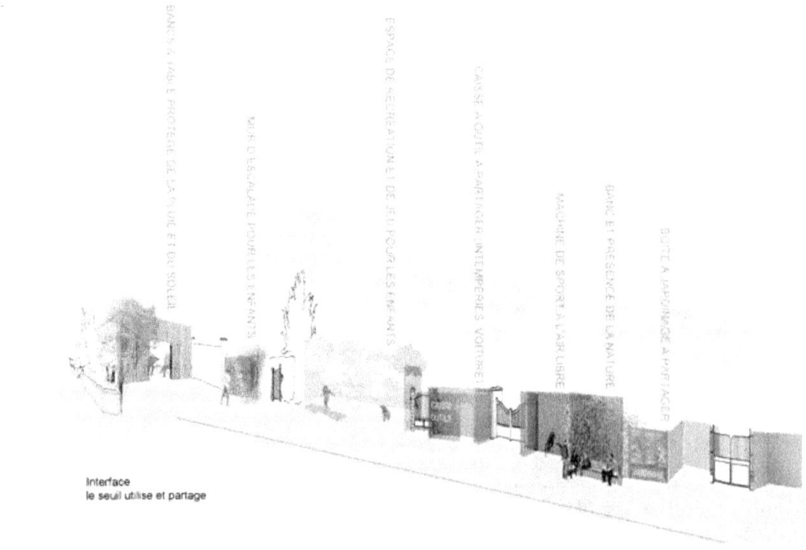

Une autre voie possible est de permettre la création de passages piétons et cyclables en fond de jardin, exploités par les habitants. Elle convoque autrement les espaces libres utilisés jusqu'à présent comme le jardin. Ces promenades urbaines situées dans l'arrière-plan des pavillons permettraient un maillage des différents quartiers par des lignes (voies) continues tout en desservant différentes fonctions selon les zones où elles se situent. L'aménagement de ces passages offrirait les conditions d'une interaction sociale, culturelle et économique entre les voisins d'un même quartier voire entre les différents quartiers tout en préservant leur vie privée.

Ces réseaux piétonniers et cyclables permettraient de dessiner les contours d'une nouvelle trame urbaine, un réseau en adéquation avec les exigences environnementales du développement durable.

UN NOUVEAU RESEAU

un nouveau tissu urbain: promenade derrière les maisons: ces promenades urbaines situées dans l'arrière plan des pavillons, branchent les différents quartiers par des lignes continues. En même temps, elles desservent différentes fonctions suivant les zones où elles se situent (UH, UHa).

L'idée fondamentale de ces passages est de créer une interaction sociale culturelle et economique entre les voisins, voire leurs quartiers, en préservant toujours leurs vies privées.

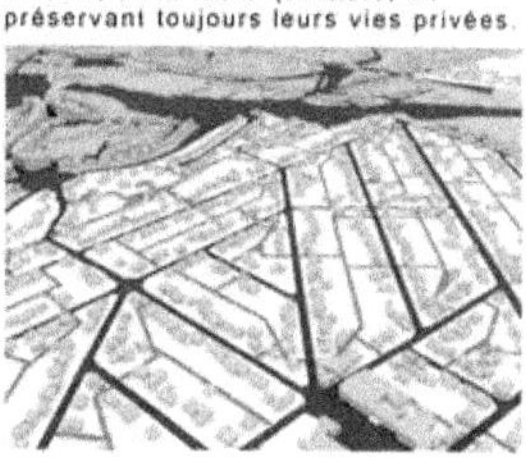

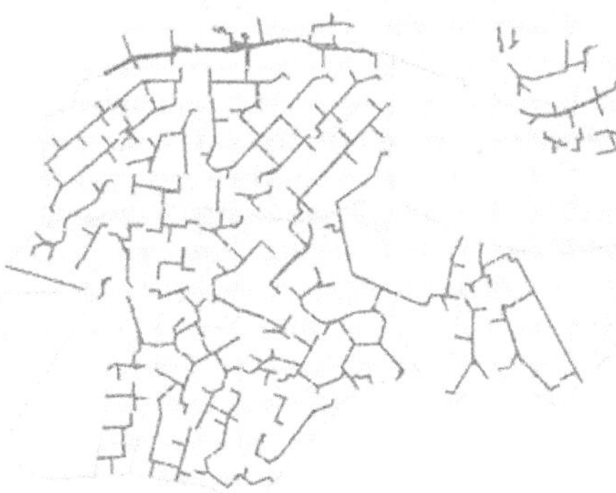

Il s'agit par conséquent de questionner ces mutabilités dans leurs capacités à bouleverser les paradigmes fondateurs de l'habitat pavillonnaire. Les transformations visant à densifier par exemple, remettent-elles en question un mode d'habiter ? Le jardin élément structurant du pavillon est revisité dans les trois propositions. Cet espace privatif de loisirs, de protection des enfants de la rue et d'activités pour chacun des membres de la famille, perd son statut d'espace fermé dans ces nouvelles configurations. La clôture qui marque la frontière entre le privé et le public, le chez-soi et l'extérieur devient au contraire un élément de lien à travers une possible mise en commun d'équipements en bordure de cette clôture et s'estompe en fond de parcelle pour générer un espace de sociabilité. Ces propositions convoquent l'idée d'équipements collectifs en partage à l'échelle de la rue. L'arrivée d'une population étudiante et plus jeune contribue fortement à remettre en question un modèle fondé sur l'usage de la voiture. Une construction en fond de parcelle implique de nouvelles mitoyennetés. Ainsi, se dessine une hybridation des caractéristiques de l'habitat pavillonnaire qui appellent d'autres modes d'urbanisation. Le rêve de la maison familiale rigide dans sa forme et ses usages, n'est plus efficient au regard des changements de mode de vie. Une adaptabilité s'impose en fonction des temporalités et de l'hétérogénéité des étapes de la vie. De manière plus large, il s'agit aussi de mettre en perspective des modes de logement capables de soutenir une mobilité résidentielle.

Conclusion

L'évolution de l'habitat dans le périurbain est un bon indicateur des mutations que subissent ces territoires. Désormais la diversité des populations et modes de vie qui s'y rapportent, auxquels s'ajoutent les exigences de densification pour répondre aux données environnementales, impliquent un autre regard sur le pavillonnaire qui, loin de l'image souvent figée, voire péjorative, à laquelle il a longtemps été associé, peut être porteur de potentialités économiques, conviviales et écologiques. Qu'il s'agisse des enjeux du territoire d'Igny ou bien des problématiques posées par le pavillonnaire, les mutations possibles sont multiples et ouvrent sur des perspectives qui dépassent largement le cadre de l'espace domestique pour se projeter vers l'extérieur. Le pavillonnaire du XXIe siècle offre une nouvelle trame urbaine en invitant à revisiter le rapport à l'espace public, à la rue, au jardin de manières innovantes ouvrant la voie à des nouvelles formes de densification à long terme. Enfin, la capacité de ces zones pavillonnaires à générer une autre urbanisation et de nouvelles urbanités inscrites dans l'actualité des problématiques environnementales et sociétales interpelle certes les politiques publiques, mais repose aussi principalement sur les acteurs majeurs de ces transformations que sont les habitants.

Bibliographie

BEVORT H., ROUSSEAU A. : « La banlieue, mythe politique français » in *Revue Esprit* « Tous périurbains ! », Mars-avril 2013 (pp. 83-97).

BOULEAU M., METTETAL L. ; « Habitat participatif : un nouvel élan ? » *Note Rapide IAU* Institut d'aménagement et d'urbanisme IDF, n°626. Juillet 2013.

CHARMES É. : « Les communes périurbaines face à la métropole : sécession ou intégration fonctionnelle ? » *www.metropolitiques.eu*, 1/07/2013.

CHARMES É., LAUNAY L., VERMEERSCH S. : « Le périurbain : France du repli ? » *www.la viedesidées.fr*, 28 mai 2013.

DIAS D., LANGUMIER J., DEMANGE D. : « Mutabilité du périurbain : Le modèle pavillonnaire face aux crises énergétique et environnementale » *Annales de la recherche urbaine*, n°104 Juin 2008 (pp. 149- 156) .

JAILLET MC. : « L'espace périurbain, un univers pour les classes moyennes », *Esprit*, Mars-Avril 2004 (pp.40-63).

LAMBERT A. : *Tous propriétaires : l'envers du décor pavillonnaire*, Seuil, Paris, 2015.

LEFEBVRE H. : *Préface à L'habitat pavillonnaire* in Raymond H., Haumont N., Dezès M-G. Haumont A. *L'habitat pavillonnaire*, Paris, L'Harmattan (Habitat et sociétés), 1966.

LE FOLL B., MIET D. : « Construire dans mon jardin et résoudre la crise du logement. Cinq idées-clés pour comprendre la filière BIMBY», *Métropolitiques*, 18 mars 2013.

MANGIN D. : *La ville franchisée*, Éd. La Villette, Paris, 2004.

RAYMOND H., HAUMONT N., DEZÈS M-G., HAUMONT A. : *L'habitat Pavillonnaire*, Paris, L'harmattan (Habitat et sociétés), 1966.

ROUGÉ L. : « Vivre en lotissement pavillonnaire : entre spécificités et uniformité », Habiter dans le périurbain, *Les cahiers* n°161, IAU îdf, 2012 (pp.31-34).

MITHRIDATISME URBAIN : LES QUATRE ÉLÉMENTS DE LA PÉRIPHÉRIE DES VILLES FRANÇAISES.

Pierre Chastel

Inspiré par la légende de Mithridate VI (132 av J.C., 63 av J.C.), souverain du royaume antique du Pont, le mithridatisme est, dans le langage médical, la tolérance à l'égard de divers produits toxiques. Cette immunité serait acquise par la prise répétitive et progressivement croissante de ces mêmes substances néfastes.

Ici, le mithridatisme urbain désigne la prétendue insensibilité, l'apparente indifférence d'un corps – la ville – acquise par l'absorption régulière et accélérée d'un « poison ».

Le développement rapide et parfois irraisonné de l'ensemble des périphéries des villes françaises incite à faire endosser à cette entité complexe les plus grands maux urbains d'aujourd'hui et de demain.

Cet article n'est en aucun cas le procès partial porté à l'encontre d'un territoire. Sa volonté est plutôt de mettre à plat les multiples enjeux d'un lieu à la fois désiré et décrié.

Mythologie du pavillonnaire, inventaire non exhaustif de la culture populaire

La périphérie n'échappe pas à la règle de nos sociétés modernes et, son omniprésente représentation engendre différentes mythologies. Une succession de contes inspirés de faits réels qui brossent parfois le sublime d'une vie rêvée, parfois le cauchemar de la déréliction.

Nous y circulons, nous y consommons, nous y travaillons, nous y avons nos loisirs. Mais posons d'abord notre regard sur l'habitat de la périphérie.

À cette simple évocation, nos pensées pourraient se diriger naturellement vers le pavillon, symbole même de ce qu'on appelle le périurbain. Cette direction spontanée prise par notre psyché s'explique par l'amoncellement de références à « la maison avec garage et jardin ». Les sondages vont dans ce sens. Il ressort qu'en moyenne, pour huit français sur dix ayant moins de 35 ans, la maison individuelle est le rêve accessible, la promesse imaginée d'un bonheur familial et d'un confort matériel.

La mythologie du pavillonnaire s'expliquerait d'abord par un rejet certain et de l'habitat collectif et de la location. À croire qu'une frontière idéologique existe entre les propriétaires qui vivent « l'étalement » et les locataires qui habitent « l'entassement ».

Quoi qu'il en soit, le rejet d'un mode de vie permet de prêter l'oreille au murmure d'un autre.

Ces murmures, nous les retrouvons d'abord dans les publicités. Avec, en tête de gondoles, les réclames pour ces indispensables voitures qui dressent le sublime spectacle de la famille parfaite – le père, la mère, les 2 ou 3 enfants, le chien – avec en toile de fond le décor idéal du tissu résidentiel pavillonnaire dans son écrin de verdure. Viennent ensuite les annonces pour les incontournables outils de jardinage, les publicités pour la décoration, pour l'ameublement, pour la cuisine, pour la domotique, le tout emballé par des entreprises ciblant précisément « l'Homo périurbanus[1] ». Précisons que toutes ces mises en scène nous vendent au pire le bienfait, au mieux la félicité d'un mode de vie tiré de l'inévitable *American way of life*.

Même décor, un tout autre regard. Bon nombre de séries américaines, très largement diffusées en France, usent du paysage pavillonnaire pour poser un regard parfois moqueur, quelques fois grave, mais souvent satirique sur la société américaine. *The Simpsons*, monument du genre et les aventures d'une famille stéréotypée de classe moyenne, thème également développé dans, entre autres, *American Dad* et *Family Guy* ; le quotidien romancé de quatre femmes d'une banlieue chic dans *Desperate Housewives* ; *Malcolm in the Middle*, racontant les déboires d'un enfant surdoué dans une famille à la situation plutôt précaire ; l'histoire de quatre enfants d'une école primaire dans *South Park* ; ou encore *Breaking Bad*, traçant le parcours chaotique d'un homme qui sombre dans la production de drogue et le crime pour subvenir aux besoins de sa famille lorsqu'il apprend qu'il est atteint d'un cancer en phase avancée. Cette énumération n'est qu'une ébauche de ce que pourrait être la longue liste des séries de la mythologie pavillonnaire. Comprenons simplement que la maison individuelle est à chaque fois le cadre tout désigné pour accueillir les tribulations familiales des personnages.

Si le rire ou les larmes laissent la critique transparaitre, la condamnation est parfois plus brutale. La série *Weeds*, dès son générique de quarante-cinq secondes, met en scène une petite ville de banlieue californienne où, sur chaque plan fixe, les voitures et les personnes qui les traversent sont une succession de « copier coller ». Un lissage de la société mis en valeur par le standard folk de Malvina Reynolds *Little Boxes* qui, dès 1962, accusait les banlieues américaines d'être les réceptacles des valeurs de la bourgeoisie conformiste : « And the people in the houses, all went to the university, Where they were put in boxes, and they came out all the same ».

Si la mythologie du pavillon se retrouve aussi dans le cinéma, évitons la litanie des films concernés pour simplement évoquer les regards critiques portés sur ce mode de vie. Des productions comme *Edward aux mains d'argent* (Tim Burton, 1990), *American Beauty* (Sam Mendes, 1999), *Dog Days* (Ulrich Seidl, 2002), ou encore *Gone Girl* (David Fincher, 2014) sont de celles qui pointent du doigt les tourments du vide relationnel, du repli sur soi et du retranchement dans sa propriété, le tout dans un paysage urbain éteint où les voisins vous scrutent.

Enfin, le pavillon lui-même devient parfois personnage à part entière. C'est le cas du film d'animation *Là-Haut* (dixième long-métrage des studios

[1] Raphaëlle Rérolle, *Le français, cet « Homo Périurbanus »*. Article du Monde.fr, paru le 31 mai 2012.

Pixar sorti en 2009) qui narre la vie d'un vieil homme, veuf, qui décide d'accomplir le rêve qu'il partageait avec sa femme. Accompagné d'un boy scout, l'acariâtre solitaire emporte sa chère maison emplie de souvenirs et soulevée par des ballons vers le Salto Angel au Venezuela, sa dernière destination. Chargé émotionnellement, le personnage aérien du pavillon devient au fur et à mesure un poids que le protagoniste traine par le tuyau d'arrosage jusqu'à l'épuisement. Ce n'est qu'en sauvant son jeune accompagnateur que le désormais fardeau fini par échapper au vieillard devenu altruiste et clairvoyant : « Oh tu sais... Ce n'est qu'une maison ».

Le but est de rester concis, les exemples présentés ici sont une goutte d'eau tirée de la mer. Et la marée continue d'illustrations de la mythologie pavillonnaire se heurte, en France, à une toute autre croyance.

Television Nation, Banksy.

Mythologie du village, un modèle esthétique devenu modèle de société ?

Le village a dépassé son simple statut pour devenir une valeur profondément ancrée dans la culture française. Dans un monde du jetable où la vitesse règne en maître, il apaise et rassure. Et comme son antagoniste pavillonnaire, la mythologie du village et son mode de vie – à l'origine traditionnel, finalement altermondialiste – sont colportés par divers « faiseurs de pensées ».

Dans cet univers du rassurant, les labels et les associations de sauvegarde ont la belle vie : Petites cités de caractère, Les plus beaux détours de France, Village étape, Villes et Pays d'art et d'histoire, Villages et cités de caractère,

Les plus beaux villages de France. Créé en 1982, ce dernier est en passe de devenir, s'il ne l'est pas déjà, le label prestigieux que bon nombre de municipalités rurales rêvent d'obtenir. Ce « club select » de communes réparties dans tout l'hexagone[1] refuse les dossiers de candidature qui ne répondent pas à ces critères : « attester d'une dimension rurale, c'est-à-dire avoir une population maximale de deux mille habitants (...) posséder, sur son territoire, au minimum deux sites ou monuments protégés (...) prouver une adhésion collective au projet de demande de classement ». L'exigence se poursuit par des visites de sites, des commissions de qualité vérifiant les vingt-sept critères recherchés, des délibérations et des chartes de qualité à maintenir. Si le dénouement est heureux, les habitants sont fiers et le maire remporte une victoire politique : leur cher bourg devient un haut-lieu touristique. Alors, quand les beaux jours arrivent, la foule se presse pour admirer le beau village perché, les ruelles médiévales et ses galeries d'art, le paysage champêtre alentour, tout cela au pied de la figure protectrice de l'église.

L'association, qui existe depuis plus de 30 ans, a peut-être inspiré belges, québécois, italiens, et japonais[2]. Mais l'ancienneté de ce label nous rappelle que l'attachement à ce patrimoine est bel et bien une spécificité française.

Une particularité nationale que nous retrouvons désormais tous les ans, dans un grand concours organisé par *France Télévision* : *Le village préféré des français*. Ici, le culte du clocher se mêle au régionalisme. Les téléspectateurs votent pour leur favori, et tous les participants s'activent grandement pour obtenir le précieux prix, synonyme d'immenses retombées médiatiques et donc, encore une fois, touristiques. Depuis 2012, le lauréat de la première émission, Saint-Cirq-Lapopie, a vu 200 000 visiteurs s'ajouter à la fréquentation annuelle. Le village de Cordes-sur-Ciel, lauréat 2014, espère voir son compteur de visiteurs passer de 700 000 à 1 000 000 de personnes.

Dans l'iconographie de ces villages, les indéniables qualités esthétiques des décors laissent filtrer un mode de vie envahi par la sérénité des lieux. Une ataraxie loin de la civilisation urbaine et de son vacarme assourdissant. La culture et la gastronomie locale ; la tradition, le charme et le caractère ; le bio, le produit du terroir et le marché ; l'artisan et la vieille pierre ; l'artiste peintre et le beau paysage ; tous se rapportent au champ lexical du village et à sa mythologie.

Point d'orgue du tableau rêvé, le village est devenu l'eldorado de ceux qui aiment la coopération humaine. Parce qu'il porte dans son génome les valeurs disparues de l'entraide et de la solidarité, il est redevenu un modèle de société. L'utopie du village emporte parfois l'idée jusqu'à l'autosuffisance, Graal de l'altermondialiste, rendue uniquement possible par l'association des compétences et la contribution de chacun. Désormais, le village est un idéal social, avec ou sans clocher.

[1] Cent quarante-sept communes membres en octobre 2014.
[2] Création d'associations similaires respectivement en 1994, 1998, 2001 et 2005.

Le modèle pavillonnaire : une étrange réponse urbaine au désir de village ?

Si l'extraordinaire développement du pavillonnaire s'explique par la démocratisation de la voiture et par son accessibilité financière, nous pouvons considérer que le village porte aussi sa part de responsabilité. L'architecte urbaniste David Mangin, dans son ouvrage phare[1], nous le rappelle ainsi : « Le souvenir d'une France rurale, vivant dans des villages, des hameaux ou des fermes reste vif : deux générations seulement nous en séparent. Ce lien explique tout à la fois l'image positive du village dans les enquêtes d'opinion et l'attirance des deux tiers des périurbains – soit plus de la moitié de la population nationale – pour la maison ».

Seulement, de la maison du village, nous avons fait un pavillon, de l'interaction humaine quotidienne lors des trajets à pieds ou à vélo, nous avons fait des garages pour nos voitures et, de l'ouverture sur la nature et les champs environnants, nous avons fait des jardins clos. Les qualités urbaines du village et du regroupement de ses habitations n'ont pas pu subsister dans l'étalement résidentiel du pavillonnaire. Son modèle urbain ressemble plutôt à l'éclatement puis l'éparpillement des cellules des grands ensembles pourtant tant haïs. Les maisons sont individuelles, mais aussi « individuées ». Une convention du pavillonnaire apparaît spontanément : les distances physiques et sociales sont souvent de rigueur avec ses voisins. Il est de toute façon difficile de les croiser autrement qu'en voiture car les rues n'en sont pas, les cours ont disparues et, les commerces de proximités sont rares. Il ne reste qu'à « échanger » par dessus la haie du jardin.

Fort heureusement, cette étrange réponse urbaine au désir de village ne provoque pas une affliction généralisée des habitants. Mais la pérennité du modèle pavillonnaire pose question et des mutations urbaines, des alternatives possibles, doivent être soumises pour le long terme.

C'est dès les années soixante-dix qu'une curieuse juxtaposition urbaine débute. Le pavillonnaire se déploie alors considérablement dans tout l'hexagone et encercle les villages qui, au même moment, se dépeuplent. Une baisse démographique intimement liée à la lente agonie des activités artisanales et commerciales. Bon nombre des artisans du bâtiment ou de la fabrication se sont retrouvés en grande difficulté financière ; et faute de relève, les propriétaires des commerces spécialisés n'ont pas pu transmettre le flambeau lors de leurs retraites. Dans les cas les plus graves, le bistrot, la poste et l'école ont emboité le pas aux boulangeries, boucherie et épicerie. Ne reste que quelques agences immobilières et l'église, désormais fermée à double tour.

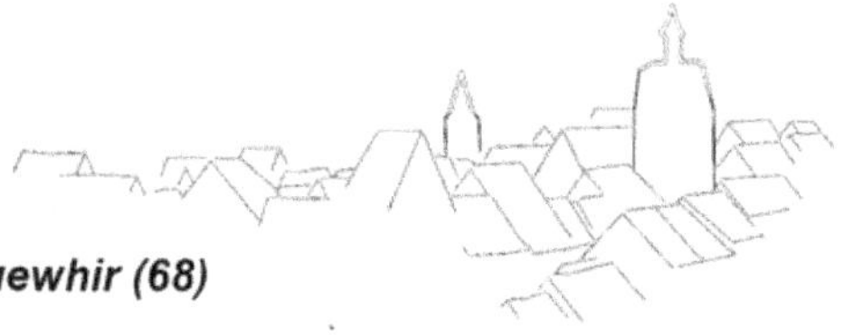

Riquewhir (68)

[1] *La Ville Franchisée*, éd. De la Villette, 2004.

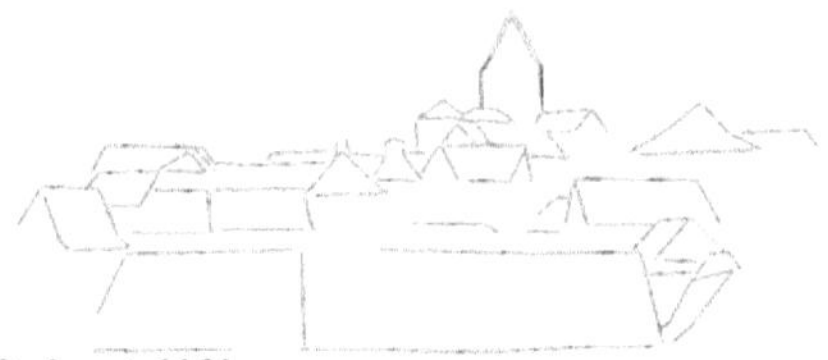

Saint-Robert (19)

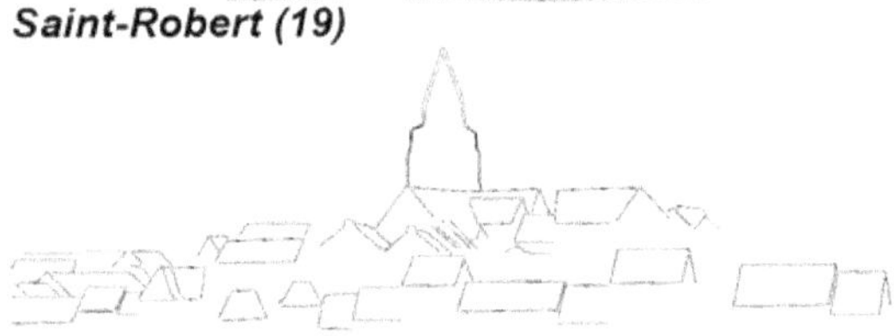

Saint-Suliac (35)

Olargues (34)

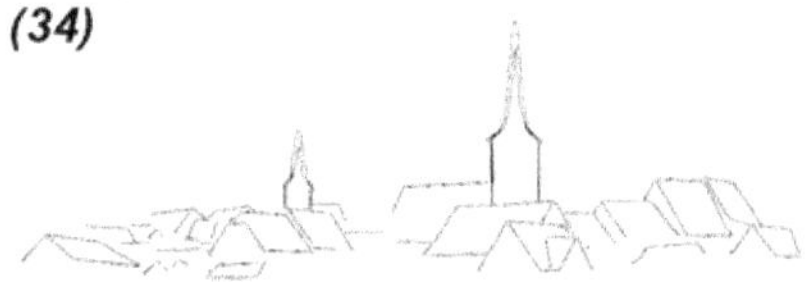

Mittelbergheim (67)

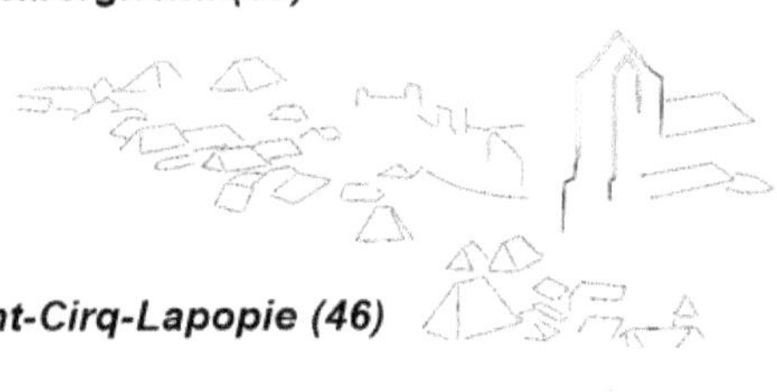

Saint-Cirq-Lapopie (46)

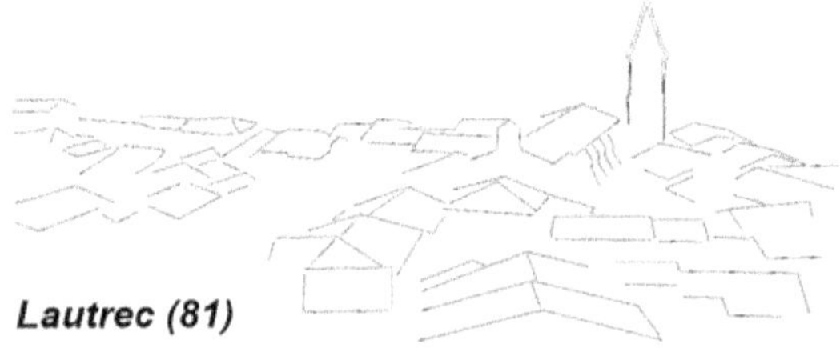

Lautrec (81)

On comprend mieux l'attachement viscéral de ces maires ruraux envers leurs patrimoines et, cette inusable volonté de créer une échappatoire touristique pour leurs communes préservées. Seulement, cette économie de survie fonctionne surtout pendant l'été. Le village se transforme alors en un musée qui raconte son âge d'or médiéval à des familles de touristes et à des classes découvertes qui le traversent promptement. Les visites s'enchainent et les cités moyenâgeuses finissent par se ressembler. L'architecte et théoricien néerlandais Rem Koolhaas nous prévient : « L'identité, ainsi conçue comme partage du passé, est un pari perdu d'avance : non seulement il y a proportionnellement – dans un schéma stable d'expansion continue de la population – de moins en moins à partager, mais l'histoire connaît une demi-vie ingrate – plus on en abuse, plus elle perd son sens – si bien que son maigre pécule en devient misérable ». Puis, il ajoute : « Cet amaigrissement est aggravé par l'accroissement constant de la masse des touristes, une avalanche qui, dans sa quête permanente du ''caractère'', réduit de brillantes identités à l'insignifiance de la poussière. L'identité est comme une souricière, dans laquelle des souris de plus en plus nombreuses doivent partager l'appât initial et qui, à y regarder de plus près, est peut-être vide depuis des siècles ».[1]

Le reste de l'année, ces villages sont en marge de l'activité touristique et économique et deviennent pour certains le lieu de retraite idéal pour quelques week-end dans l'année. La maison secondaire, ou syndrome des volets fermés, offre à quelques privilégiés un peu plus d'épaisseur au souvenir d'une France rurale et à sa réminiscence, mais elle assomme un peu plus le village qui ne se réveillera que l'été suivant.

Replacées dans la réalité, la mythologie pavillonnaire n'est ni l'allégresse vendue par les publicitaires, ni l'abomination promise par d'autres et, la mythologie du village n'est trop souvent qu'un faux-semblant dissimulant un état en survie perpétuelle. Mais tout de même, leurs matérialisations divergent dans leurs perspectives.

La trame pavillonnaire renvoie à l'intensité fonctionnelle. Habiter un pavillon, c'est d'abord se donner accès au *pratique*. Le tissu urbain du village renvoie à l'intensité esthétique. Habiter le village, c'est d'abord se donner accès au *beau*.

Maison, garage, jardin : un triptyque pour une comparaison.

Dans les foyers, les différentes manières d'habiter se révèlent. La maison de lotissements qui ressemble étrangement à la maison voisine est souvent issue de catalogues. Ceux-ci vanteront les mérites fonctionnels de l'agencement de chacune des pièces – entrée, séjour, cuisine américaine, suite parentale, chambres d'enfants, salle de bain, etc. – la qualité des performances énergétiques et le prix abordable de la demeure rêvée. Mais surtout, ce projet est *votre* maison.

La maison du village est ancienne. Et tant pis si vous êtes la vingtième famille à prendre possession des lieux : « *cette maison a une âme* ». Une voix – celle de l'agent immobilier – répétera les mots *caractère* et *identité* à outrance. L'attribution des pièces est incertaine, mais il est vrai que toutes ces imperfections apportent du charme à l'ensemble. La patine du temps ne gâche en rien l'allure de la maison en pierre qui paraît impérissable.

À l'inverse, les coulures noires sur le crépi blanc du pavillon sont un repoussoir qui semble le rendre vulnérable à l'usure du temps.

---

[1] *La Ville Générique*, Éd. Manuel Payot, 2011.

Le garage est très souvent le laissé pour compte du pavillon. Et pourtant, quand il n'est pas rempli de bric et de broc, il accueille ce qui est de plus précieux. Car sans voiture, point de salut. Puisque les centres-bourgs accessibles à pied ont progressivement perdu leurs activités – emplois et commerces – l'automobile est, dans le paysage périurbain actuel, la machine salvatrice qui trouvera aisément sa place dans le pavillonnaire, ou bien la contrainte qui cherchera la sienne au sein du village. Dans cet univers, la voiture – généralement deux par foyer – est reine et dicte sa loi. Dès lors, pouvoir la garer chez soi et donc tout sauf anecdotique dans le choix de son domicile.

Le jardin privé se fait plutôt rare pour les maisons de village. S'il existe, il opèrera souvent comme la pièce supplémentaire où l'on peut recevoir, et l'agrément extérieur au service de la maison elle-même. Autrement, squares, parcs, forêts et chemins de promenades sont les jardins partagés du village.

Quant au pavillon et son jardin, ils sont indissociables. Il est l'espace alloué aux loisirs de la famille, si elle en use. Pendant l'été, les enfants y consacreront quelques minutes quotidiennes, se serviront de la piscine et de la balançoire, puis retourneront quelques heures devant leurs écrans. Le jardin pavillonnaire est le paradoxe des usages sociaux : il est l'espace où l'on doit recevoir ses amis pour le traditionnel barbecue, mais il fait le tour de la maison pour établir une distance avec ses voisins.

Intensité fonctionnelle et intensité esthétique, pourquoi choisir ? L'éventuelle solution est toute trouvée pour quelques périurbains fortunés. Ainsi opteront-ils pour le pavillon de haut standing, ou « maison d'architecte », pour la semaine et profiteront de la résidence secondaire, ou « maison de campagne », un week-end dans le mois.

Quelles périphéries pour quels centres ?

La France est de loin le pays le plus visité au monde[1]. Sa variété de paysages et sa très grande histoire inscrite dans son patrimoine sont les inestimables acquis d'un pays qui, parmi d'autres raisons, le rendent encore attractif.

Mais l'inquiétude gronde. Car si la France vend aux touristes sa beauté passée, elle ne semble pas capable d'offrir à ses citoyens une beauté présente et future.

La France défigurée ou encore *La France moche* sont les quelques sobriquets désormais attribués aux périphéries de nos très chères villes historiques. Des titres peu honorifiques qui suggèrent l'appauvrissement visuel du tableau dénoncé par certains. D'autres n'y verront que la normalité de leur quotidien. Une opposition de points de vue et de choix de vies qui attisent l'affrontement quasi idéologique entre l'auto-proclamé bourgeois de l'admirable ville historique et le soi-disant français moyen de la disgracieuse périphérie.

Lorsque nous devons désigner la périphérie des villes françaises sans nous soucier de l'épineuse problématique de l'esthétique de ses paysages, *La*

[1] Quatre-vingt cinq millions de touristes en 2013, quinze millions de plus que son dauphin pourtant quatorze fois plus vaste, les États-Unis.

France moche regroupe différentes appellations qui se croisent et s'entremêlent. Périurbain, rurbain, et suburbain sont autant de lectures possibles de ces territoires. Exit l'opposition ville-campagne, désormais, les limites sont floues et les définitions multiples.

Étymologiquement, le *périurbain* est ce qui désigne les environs immédiats d'une ville. L'INSEE s'étant emparé de cet adjectif, il désigne des aires urbaines, des ensembles de communes d'un seul tenant et sans enclave, constitué par un pôle urbain, c'est à dire une unité urbaine offrant au moins cinq mille emplois et qui n'appartient pas à la couronne périurbaine d'un autre pôle urbain. À l'usage, le périurbain est devenu, avec la ville-centre puis la banlieue, la vaste couronne qui complète l'aire urbaine.

Le *rurbain* est un terme générique apparu dans les années soixante-dix. Sa datation n'est pas anecdotique puisqu'elle correspond à l'implosion du pavillonnaire : le grignotage conséquent de la campagne par l'urbain débutait. L'adjectif désigne plus spécifiquement l'étalement résidentiel des bourgs et des villages français avec la présence encore notable d'activités agricoles.

Selon Gabriel Dupuy[1], le *suburbain* décrit un territoire qui permet à ceux qui le souhaitent d'éloigner le plus possible leur lieu de résidence du centre-ville. Une permission accordée soit par l'automobile, soit par un réseau efficace de transports en commun. Le périurbain et le suburbain se différencient dans leurs rapports avec la ville-centre : le premier présente une simple contiguïté géographique quand le second revendique une proximité temporelle.

À la croisée de ces définitions étymologiques et des théories administratives technicistes, retenons simplement que si ces trois adjectifs paraissent sensiblement identiques, leurs usages diffèrent. En effet, ces trois périphéries se distinguent par le regard porté sur leurs centres. Dans leurs théories respectives, le périurbain se définit par son bassin d'emplois, le rurbain se définit par le noyau ancien du village et, le suburbain se définit par le centre-ville historique lui-même.

Traiter la périphérie, c'est aussi débattre du centre. La variété des centres proposés est symptomatique. Elle suggère la difficulté éprouvée par les périphéries pour trouver leurs points névralgiques. Alors, celles-ci s'accrochent tant bien que mal à ce qui pourrait leurs donner une identité : bassin d'emplois, village proche, ville lointaine. Tout porte à croire que le modèle de développement concentrique des aires urbaines est une machine à induire en erreur. Car pour bon nombre de périphéries, le point de rupture avec le cœur originel a été atteint depuis longtemps.

On invente des centres et des centres se réinventent. Mais affublés d'œillères, nous négligeons ce qui est l'entité forte de ces lieux, son essence même.

[1] Les territoires de l'automobile, Éd. Anthropos, 1995.

Des temples déshumanisés comme épicentres ?

L'abondance d'images et d'icones devenues familières, l'accessibilité immédiate et l'éphémère jetable ; dans nos périphéries, il est un lieu qui est le reflet de notre société contemporaine. Son symbole.

Église, paroisse, abbaye, basilique et cathédrale ont été les cœurs battants de nos Cités durant des siècles. La ville était structurée par les lieux de culte des Hommes pieux et les espaces publics accolés complétaient l'ensemble urbain pour constituer un repère dans la ville. Un plein et un vide. Un monument à la gloire d'un dieu et un sol réceptacle de la vie citadine.

Mais le temps passe et les Dieux changent.

Comme pour l'église et ses fidèles, le Temple de la périphérie articule l'espace et ordonnance l'emploi du temps de la foule périurbaine. Un Temple dédié au culte de la toute-puissante Consommation, religion monothéiste d'une planète mondialisée.

Si la gérance française éprouve encore quelques difficultés dans son inexorable quête de centralité, les habitants des périphéries ne s'y trompent pas et se tournent naturellement vers les centres commerciaux. Bien sûr, bon nombre d'entre eux travaillent ou étudient ailleurs. Mais l'éparpillement de ces activités ne peut faire le poids face à l'hyper concentration des moyennes et grandes surfaces.

Logorama (court métrage, 2009), studio H5

Les chiffres diffèrent suivant les sources et rendent l'estimation inexacte. Mais il y aurait, en France, plus de sept-cents centres commerciaux, et environ mille-cinq-cents hypermarchés[1]. Au 1er juillet 2012, il existait plus de douze-mille-trois-cents grandes surfaces alimentaires.

Leur implantation a débuté à la fin des années 1960 et devançait donc l'étalement résidentiel. La clientèle ciblée était alors les consommateurs qui accédaient à l'automobile et qui affluaient des villages avoisinants ou de la

[1] Plus de 2 500 m^2.

ville elle-même. Parce qu'elle remplaçait à elle seule de nombreux intermédiaires, la grande distribution se rendait attractive grâce à une alimentation vendue à bas prix et une offre de produits et de services étendus. Un hypermarché se construisait, puis un autre, un centre commercial apparaissait et il ne restait alors que des miettes pour les petits commerces alentours.

Aujourd'hui, force est de constater que la cible principale du temple de la consommation est la famille périurbaine, largement motorisée et, remplissant régulièrement l'emblématique caddie.

Les centres commerciaux et les hypermarchés s'accumulent. Après avoir imposé au fur et à mesure un mode de consommation à toute une population, les Temples s'affrontent dans une concurrence féroce. Les propriétaires et développeurs sont multiples mais les protagonistes se réunissent dans deux différents groupes. Il y a d'abord les six acteurs majeurs de la grande distribution française : Carrefour, É. Leclerc, Intermarché, Auchan, Casino, et Système U. Réunis, ils constituent le principal circuit de distribution des produits alimentaires avec plus de 60% des ventes totales. Viennent ensuite les sociétés d'investissement immobilier cotées : Unibail-Rodamco, Klépierre, Altarea-Cogedim, le groupe Frey, etc. Grande distribution, gestion immobilière, tous sont des grands groupes privés particulièrement puissants qui ont façonné les paysages de la périphérie en calquant partout en France un modèle d'élaboration.

Témoignage de leurs civilisations, les temples ont été de tous temps des édifices reproductibles qui suivent des règles de conceptions précises. Celles du centre commercial originel se soucient peu de l'architecture, de l'urbanisme, ou du paysage. Installés sur des hectares anciennement agricoles, des parallélépipèdes rectangles et des étendues de parking se juxtaposent et ne répondent qu'à des critères de visibilité, d'accessibilité et d'identité.

Trois commandements qui ont assuré durant des années la rentabilité de ces vagues cousins des « hangars décorés » du Las Vegas décrit par Venturi et Scott Brown[1] : « Cette architecture faite de styles et d'enseignes est antispatiale ; c'est une architecture de communication qui prévaut sur l'espace ; la communication domine l'espace en tant qu'elle est un élément à l'intérieur de l'architecture et dans le paysage. Car elle convient à la nouvelle échelle du paysage ». L'enveloppe est l'enseigne, l'enseigne est l'enveloppe. Le symbole prédomine et le client trouve ses repères.

En quelques années, le temple est entré dans les mœurs du périurbain. Mieux, il n'est pas resté le simple lieu de l'hyper consommation. En se substituant à d'autres cœurs de la périphérie, il est devenu un lieu de déambulation partagé.

La halle couverte du village, épicentre de l'interaction humaine, aura longtemps été le lieu des rencontres et des échanges. Son étrange descendance se matérialise dans le centre commercial, un lieu où les familles flânent et se croisent certes, mais où la discussion se fait rare. Le centre commercial est, pour ainsi dire, l'ersatz social de la traditionnelle place du marché. Ce qui a été gagné en confort aurait été perdu en humanisme.

---

[1] L'enseignement de Las Vegas, Éd. Mardaga, 2008.

Un défaut auquel s'ajoute un constat : l'ensemble des centres commerciaux et des hypermarchés français connaissent des baisses significatives de fréquentations et de chiffres d'affaires. Entre janvier 2010 et août 2013, l'indice de fréquentation des centres commerciaux a été clairement négatif avec une baisse d'environ 2%. Sur cette même période, le chiffre d'affaires des grandes surfaces alimentaires a reculé de 4,1%. Un résultat particulièrement cinglant pour les acteurs concernés puisque ce même chiffre d'affaires avait connu une augmentation de 11,2% entre 2004 et 2010.

Les raisons avancées par bons nombres d'observateurs sont principalement économiques. Bien sûr, la crise a causé de nombreux dégâts et les revalorisations salariales limitées, la hausse du chômage, ou encore la pression fiscale ont paralysé ou même déprimé le pouvoir d'achat des familles. Certes, la forte inflation de ces dernières années et l'augmentation du prix des fruits, des légumes, des produits frais ou même des boissons ont engendré un comportement attentiste et prudent chez beaucoup de consommateurs.

Mais le prétexte économique ne saurait, à lui seul, occulter des changements sociétaux majeurs.

Paniers contre Caddies : David contre Goliath ?

Inévitablement, Internet a redistribué les cartes de la société occidentale contemporaine. Une révolution soudaine qui impacte durablement deux modes de consommation. Car si la seconde moitié du XXe siècle a été le terrain de jeu idéal pour le développement de la grande distribution, ce tout début de XXIe siècle met en scène la remise en cause de cette suprématie.

Désormais, une partie de la population mène une réflexion sur l'impact passé, présent et futur causé par la société de l'hyper consommation. Une introspection qui englobe les échelles de l'Homme seul, de la famille et du groupe d'individus. L'addiction normative à la marchandise apparait aux yeux de tous et, la résistance se dessine chez certains, qu'ils soient urbains, périurbains, ou ruraux.

Malgré l'internationalisation des marchés et des structures industrielles, les circuits courts ont su subsister durant le XXe siècle. Ils retrouvent aujourd'hui une seconde jeunesse grâce à l'essor d'Internet. Son principe est simple : un seul intermédiaire maximum intervient entre le producteur et le consommateur. L'épanouissement de ce mode de distribution s'enracine dans le secteur des produits issus de l'agriculture : *Association pour le Maintien de l'Agriculture Paysanne*, *Mon Panier Bio*, *Paysan.net*, *Saveurs Natures*, *Chapeau de Paille*, *Le Panier Paysan*, *La Ruche qui dit Oui*, *Bienvenue à la Ferme*, *Les Jardins de Cocagne*, *Poissonsfrais.fr*, *Les Colis du Boucher*, *La Charrette Bio*, *La Binée Paysanne*, *En Direct du Potager*, *Les Paniers Fraicheurs*, etc. Ces très nombreuses appellations qui fleurent bon la ruralité désignent une nébuleuse de circuits courts rassemblant réseaux associatifs, groupements participatifs et autres plateformes communautaires. Autant de structures qui célèbrent la traçabilité du produit frais et qui permettent à l'agriculture extensive de se poser en alternative à l'intensif agro-alimentaire.

Le circuit court n'a pas le monopole de la consommation transversale. Internet est dans nos poches et nos indispensables smartphone se transforment maintes fois en outil de partage. Depuis la perceuse électrique jusqu'à l'appartement, tout se prête ou se revend. Les applications gratuites « d'économie collaborative » foisonnent : la cuisine et les produits frais sont partagés ; les initiatives sont financées par le *crowdfunding* ; l'artisanat local, les meubles et les vêtements sont en vente directe ; les outils de bricolage ou de jardinage sont échangés ; le covoiturage se démocratise sérieusement.

En ce début de XXIe siècle, les deux options esquissées – similaires par leurs principes de transversalité – s'opposent à la verticalité du système de consommation imposée jusqu'alors.

Ces alternatives ont su remarquablement entrer dans les mœurs des français, dépassant rapidement le statut de phénomène déjà prêt à s'essouffler. Surtout, les sociétés et les associations qui soutiennent cette économie nourrissent le lien social. Les circuits courts sont devenus les fers de lance du localisme français et, créent la possibilité de la rencontre et de l'échange. Consommateurs et producteurs sont en contact direct et ce dernier valorise sa production, diversifie son circuit de vente et en dégage des compléments. L'économie collaborative, quant à elle, permet l'avènement d'une société d'interlocuteurs.

Enfin, le contournement des principales voies de distribution transforme le consommateur en un individu responsable qui se réapproprie son alimentation ou qui optimise la durée de vie des marchandises.

La vente locale, le partage, le troc et la convivialité réapparaissent. La place du marché s'est réveillée. Mais elle s'est dématérialisée, démultipliée, éparpillée.

Face à ces nouvelles formes de concurrences, aux « affables » circuits courts, les rois mercantiles refusent leur appauvrissement. Bien au contraire, les « malveillantes » grandes surfaces alimentaires se rachètent une bonne conduite. Souvent pointées du doigt pour le gaspillage de leurs denrées, la grande distribution est désormais majoritaire dans la donation aux banques alimentaires : en 2012, les hypermarchés français donnaient 32 000 tonnes de denrées (+15% par rapport à 2011), soit l'équivalent de 64 millions de repas. Au total, les grandes surfaces contribuaient pour près d'un tiers aux dons récoltés par les banques alimentaires. Aussi se lancent-elles dans de grandes opérations mêlant intimement l'anti gabegie au marketing : en mars 2014, Intermarché prônait la vente à bas prix des « fruits et légumes moches » (40% des fruits et légumes ne rentrent pas dans les canons de beauté imposés par les centrales d'achats). Un souci de communication récurrent que l'on retrouve dans la traçabilité des produits mis en vente avec la mise en avant de labels – encore eux – tous plus sécurisants les uns que les autres.

Bien entendu, Internet a amorcé une forme de mutation possible des Temples et certains y voient, tout simplement, l'aboutissement des centres commerciaux dans un monde connecté. Les plateformes drive se multiplient et les consommateurs qui s'y garent quelques minutes désertent inévitablement les rayons des hypermarchés. Le désir de fonctionnalité du consommateur entraine une première forme de cannibalisme de la grande distribution : les enseignes, en se disputant un marché qui ne peut pas suivre la progression de leurs développements, se mettent à la fois en concurrence et en danger.

La seconde forme de cannibalisme est la suite logique de la propagation future des Temples. Et parce qu'ils ne sauraient marquer le pas, le considérable développement futur des centres commerciaux est accompagné d'un gigantisme assumé. À la fin 2013, 1,7 millions de m^2 répartis dans 54 différents projets de centres commerciaux souhaitaient s'ajouter aux 14,5 millions de m^2 déjà présents.

Aéroville, Ilô, Atoll, Millénaire, Confluence, So Ouest, Lillenium, Muse, Qwartz, Les Terrasses du Port, Val Tolosa, Les Rives de l'Orne, L'Heure Tranquille, etc. Derrière ces dénominations réfléchies et débattues par des professionnels du marketing se cachent les nouvelles folies commerciales françaises.

Le règne révolu des boites en tôles ondulées des premières grandes surfaces laisse place aux centres d'un nouveau genre. Pour ces simulacres de villes faits d'escalators et de « mail » commerciaux, l'enveloppe fait la part belle à la réflexion formelle. Et le programme à l'origine exclusivement commercial se diversifie un peu plus à chaque projet.

La Sainte Trinité – visibilité, accessibilité, identité – préserve son aura, mais elle se modère en s'associant désormais au travail de la forme. Cette « flamboyance » nouvelle n'est pas sans rappeler l'avènement du gothique et de son décorum succédant au modeste roman. Le changement d'approche observé entraine une immense débauche d'énergie et d'argent qui poursuit la lignée de la sacro-sainte philosophie originelle : capter à tout prix les flux financiers.

En parallèle, la société de consommation s'allie à la société du temps libre et des loisirs payants.

Un projet comme un symbole : Europa City[1] brise les dimensions et devient l'incarnation de la démesure. Dans le Val d'Oise, un *salad-bowl* programmatique proche du « *tapis* » au poker souhaite se poser sur le triangle de Gonesse. Les deux cent trente mille mètres carrés de commerces, de grands magasins, de boutiques de luxe et d'enseignes internationales seraient minoritaires face aux trois cent cinquante mille mètres carrés d'espaces de culture et de loisirs. Tout le spectre de la restauration, chambres d'hôtels, centre de congrès, piste de ski, parc d'attraction et parc aquatique, cirque contemporain, halle d'exposition, ateliers de créateurs et de gastronomie, salles de spectacles, ferme pédagogique, centre de remise en forme, médiathèque, et auberges de jeunesse s'accumulerait dans une seule enveloppe architecturale.

Assurément, les futurs propriétaires promettent de vastes espaces publics, des milliers d'emplois et le respect de l'environnement naturel. Des engagements contestés puisque le véritable statut du premier pose question, que le deuxième s'est – par le passé – souvent résumé à des emplois précaires mal rémunérés, et parce que le troisième semble par essence incompatible avec cette version excessive du centre commercial.

[1] Projet développé par Auchan et l'agence d'architecture BIG, prévu pour 2020-2025.

Grande mixité ou « fourre-tout » programmatique ? Les centres commerciaux à l'étude mêlent intelligence contextuelle et instinct de survie. Seulement, si les cœurs battants religieux ont su, durant des siècles, *faire* la ville, ils n'ont jamais eu la prétention d'*être* la ville. Une nuance grammaticale semblant échapper à ces Temples nouveaux qui, en recherchant perpétuellement le phagocytage de la concurrence et l'absorption des Hommes, pourrait entrainer tout un système au bord d'un précipice économique, culturel, social et environnemental.

Bien que plus mesurée, une mixité programmatique nouvelle apparaît également parmi de nombreux centres commerciaux français. Cinéma, bowling se sont greffés aux hypermarchés, aux boutiques et à l'offre de restauration déjà présente. Plus récemment, des cabarets devenaient les voisins des grandes surfaces, sûrs de trouver un public et d'enchainer les salles combles. Le théâtre de parking succède au théâtre de boulevard.

Conversion, rénovation, création ; le centre commercial mute pour intercepter une population de plus en plus importante quand, en parallèle, l'économie collaborative et le circuit court se posent en alternative. Temples de la consommation et consommation transversale ; dans la périphérie, une nouvelle coexistence apparaît : celle du caddie et du panier.

L'assemblage nécessaire des quatre éléments de la périphérie

Périphérie n'est pas ville-campagne. N'en déplaise aux habitants jusqu'alors convaincus, la périphérie n'est ni la ville à la campagne, ni la campagne dans la ville. Ce territoire aux contours brumeux ne peut se définir ainsi que si l'on galvaude la profonde signification de ces mots.

D'un point de vue urbain – et non financier – son développement se définit le plus souvent par l'établissement d'une suite illogique de plaques urbaines que l'on a ajouté les unes à la suite des autres. Des plaques de logements, de commerces ou d'activités irriguées par des culs-de-sac aux formes variées et connectées au réseau routier par des rondpoints. La périphérie faite d'enclaves est la répercussion urbaine d'un city-planning aussi « plat » qu'un Plan local d'urbanisme. En conséquence, peut-on encore parler d'urbanisme lorsque tout ce qui est bâtit se définit par sa zone ?

La zone urbaine construite ne fait pas la ville et la zone rurale restante ne fait pas la campagne.

La ville n'est-elle pas l'amalgame subtil d'activités, de fonctions et d'usages établis sur le long terme ? Ne se définit-elle pas par un tissu urbain dense et un espace public continus ? Habitons-nous réellement la ville si la voiture nous est indispensable pour vivre ? Y vivons-nous si les transports en commun sont uniquement les échappatoires des seuls individus qui n'ont pas accès à un volant ? Y évoluons-nous lorsque les distances de nos itinéraires

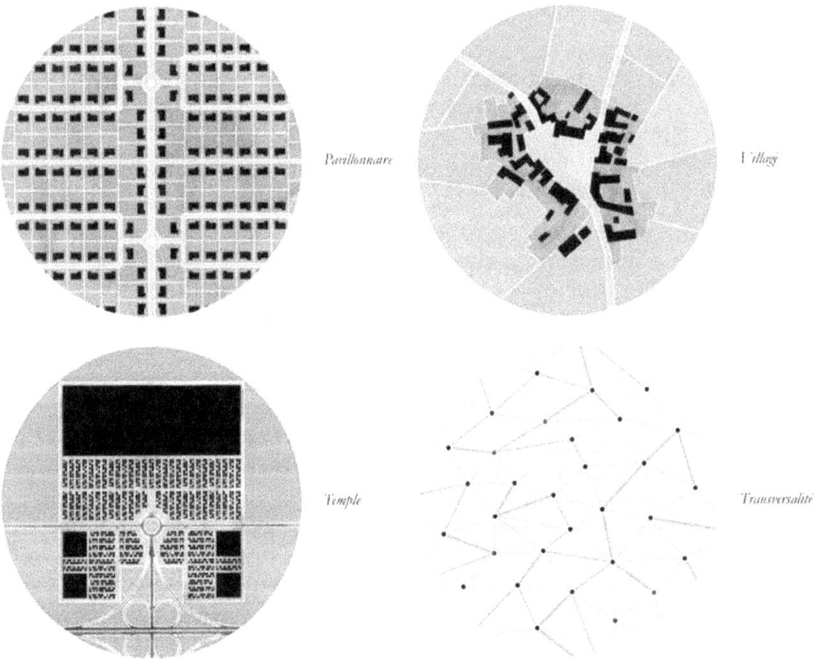

quotidiens rendent caducs la marche à pied ou le vélo ? La conception actuelle de l'habitat de la périphérie n'est-elle pas la réponse sommaire aux uniques critères de tranquillité et de sécurité ? Ces principes basés sur la peur de l'autre n'empêchent-ils pas la possibilité des accidents heureux du quotidien, de la rencontre, de l'inspiration ?

Quant à la campagne, existe-t-elle encore lorsque ses composants essentiels – village et champs – ne sont plus les maitres des lieux ? N'avons-nous pas détruit de grands espaces naturels pour créer des parcelles privées spatialement non optimisées et simplement y semer du gazon et y planter des haies ? La végétation n'est-elle pas forcée et contrainte dans l'unique but de combler les nombreux vides de la périphérie ? Les jardins sont parfaitement louables, mais leur surdimensionnement n'est-il pas une des raisons principales de l'étalement urbain constaté ?

Cet essai ne souhaite en aucun cas contredire le constat formel apporté par les sociologues : il n'y a pas *un* mais *des* périurbains. Cependant, un regard pragmatique permet de dégager les enjeux communs à toutes les périphéries des villes françaises. Si elles ne sont pas les villes-campagnes rêvées, elles sont plutôt l'expression d'une bipolarité programmatique.

Habiter et *consommer* sont les forces d'un territoire sur lequel bureaux et équipements publics ou sportifs se posent sporadiquement. Ces deux grandes puissances éprouvent des batailles internes. Bientôt, des alliances de pensées apparaissent entre le pavillonnaire et le Temple commercial, puis entre le village et la consommation transversale. Le premier renvoie au capitalisme moderne, le second à l'alternative traditionnelle. Mais ces rapprochements idéologiques restent théoriques car le citoyen est devenu un « zappeur » qui se construit sur un mode de consommation à la carte.

Les quatre éléments de la périphérie sont les intensités de ce territoire : un pavillonnaire et des « isolés ensemble[1] », un village comme une façade réconfortante, un Temple exclusivement accroché aux infrastructures routières, une consommation transversale et une vie associative disséminées.

Ces entités ne sont connectées que par les automobiles des particuliers. Ainsi, la route encombrée est l'espace chronophage du périurbain et l'habitacle de la voiture devient le prolongement de la cellule familiale. Dans ces conditions, « les liens mythiques et écologiques d'habitants » de Lucien Kroll[2] que sont la place et la rue ne sauraient subsister.

Parce que la rue intérieure du centre commercial est seulement un espace privé ouvert au public durant une tranche horaire, et parce que les rues des lotissements sont plutôt des voies de dessertes, il n'y a guère que les chemins de promenade dominicale pour endosser le rôle d'espaces publics.

Dans la périphérie, le désir de ville est loin d'être universel. Certains y habitent par contrainte financière, d'autres par choix. Mais la plupart revendiquent la fuite de la minéralité et de la trop grande densité. Une difficulté de plus pour les professionnels de l'aménagement urbain qui ont donc le devoir de s'inscrire dans une vision à très long terme pour concevoir et anticiper la possibilité d'une ville future.

La périphérie n'est pas, par essence, le mithridatisme urbain. Mais sa fabrication actuelle pourrait être le poison de ses propres habitants. Parce que les citoyens de la périphérie ont le droit à des ensembles citadins qui résonnent à travers l'excellence de leurs activités humaines, il est de la responsabilité des pouvoirs publics d'établir dès à présent les stratégies d'un urbanisme maitrisé, équilibré, cohérent et durable.

---

[1] Jean-Luc Debry dans Le Cauchemar Pavillonnaire.
[2] *Une Architecture Habitée*, conférence au Pavillon de l'Arsenal.

Bibliographie

ANTONIN L., *Pour une société du partage* [en ligne]. In : Le blog de la consommation collaborative. Publié le 12 juillet 2011.
ARENDT H., *Condition de l'homme moderne*, Éd. Pocket, Coll. Agora, 2002.
BEGOUT Bruce, Suburbia, éd. Inculte/IMHO, 2013.
BOSSE A., DEVISME L., DUMONT M., *Actualité des mythologies pavillonnaires : Le périurbain comme quasi-personnage*. Les annales de la recherche urbaine n°102, 2007.
BRIAND S., *Pourquoi il y a trop de centres commerciaux en France* [en ligne]. In : Challenges. Publié le 19 octobre 2014.
CARSICK R., *Think living in suburbia's cheaper ? Think again* [en ligne]. In : The Globe and Mail. Publié le 27 octobre 2013.
CHARMES É., *La densification des lotissements pavillonnaires de grande banlieue*. Études foncières n°119, janvier-février 2006.
CHARMES É., *Les périurbains sont-ils anti-urbains ?* Les annales de la recherche urbaine n°102, 2007.
CHARMES É., LAUNAY L., VERMEERSCH S., *Le périurbain, France du rempli ?* [en ligne]. In : La vie des idées. Publié le 28 mai 2013.
CHOAY F., *L'urbanisme, utopies et réalités : une anthologie*, Paris, éd. du Seuil, 1965.
CHOAY F., *L'allégorie du patrimoine*, Paris, éd. du Seuil, 1999.
DE JARCY X. et REMY V., *Comment la France est devenue moche* [en ligne]. In : Télérama. Publié le 13 février 2010.
DEBRY JL.*Le cauchemar pavillonnaire*, Montreuil, éd. L'échappée, 2012.
DRIANT JC., *Vertus et vices du développement de l'accession à la propriété* [en ligne]. In : Metro politiques. Publié le 25 novembre 2010.
DUPUY G., Les territoires de l'automobile, éd. Anthropos, Coll. *Villes*, 1995.
KOOLHAAS R., Bigness, *La ville générique*, Junkspace, Paris, éd. Manuels Payot, 2011.
KOOLHAAS R., *New York délire : Un manifeste rétroactif pour Manhattan*, Marseille, éd. Parenthèses, 2002.
KOOLHAAS R., *Mutations*, éd. Actar, 2000.
LACAZE JP., *Habiter une maison, est-ce un péché ?* Revue Urbanisme n°378, mai-juin 2011.
MANGIN D., *La ville franchisée : Formes et structures de la ville contemporaine*, Paris, éd. de la Villette, 2004.
MUMFORD L., *La cité à travers l'histoire*, Marseille, éd. Agone, 2011.
POUPARD JM., *Les centres commerciaux : De nouveaux lieux de sociabilité dans le paysage urbain*, Paris, Éd. L'Harmattan, 2005.
RENARD V., *Grenelle II : La fin de l'étalement urbain ?* [en ligne]. In : Metro politiques. Publié le 6 juin 2011.
REROLLE R., *Le français, cet « Homo periurbanus »* [en ligne]. In : Le Monde. Publié le 31 mai 2012.
SABATIER B. et FORDIN I., *Densifier le pavillonnaire* [en ligne]. In : Etudes foncières. Publié en janvier 2012.
SECCHI B. et VIGANO P., *La ville poreuse : un projet pour le grand Paris et la métropole de l'après-Kyoto*, Genève, éd. Métispresses, 2011.

SITTE C., *L'art de bâtir les villes : L'urbanisme selon ses fondements artistiques*, Paris, éd. du Seuil, 1996.
TARICAT J., Suburbia : *Une utopie libérale*, Paris, Éd. de la Villette, 2013.
TOUATI A., *L'habitant maître d'ouvrage : Au cœur de la densification pavillonnaire*. Études foncières n°157, janvier-février 2012.
VENTURI R., SCOTT BROWN D., IZENOUR S., *L'enseignement de Las Vegas*, Bruxelles, éd. Mardaga, 2008.
VINCENDON S., *Le grand pari d'Europa City* [en ligne]. In : Libération. Publié le 26 août 2013.

L'espace public,
l'espace ouvert :
les logiques d'ancrage

QUELS ESPACES PUBLICS POUR REPENSER LE PÉRIURBAIN ?

Antoine Fleury

Les espaces périurbains sont encore souvent considérés comme emblématiques de la crise des espaces publics, dont les tenants sont nombreux aussi bien dans le monde académique que dans le reste de la société. Les espaces périurbains seraient ainsi marqués à la fois par la fermeture des espaces résidentiels et par la privatisation des espaces publics. Pourtant, depuis une dizaine d'année, de nombreux travaux ont remis en cause ces analyses. D'une part, les spécialistes du périurbain ont attiré l'attention sur la publicisation des « espaces ouverts » définis comme des espaces libres de construction et non artificialisés (Banzo, 2009 ; Poulot, 2013 ; Banos, Sabatier, 2010 ; Banzo *et al.*, 2010). D'autre part, une abondante littérature a été consacrée aux centres commerciaux, montrant que, par les usages qui s'y déploient, ces espaces de consommation font également l'objet d'une publicisation (Sabatier, 2006 ; Poupard, 2005).

Ces travaux incitent à repenser la définition même des espaces publics, pour mieux prendre en compte les spécificités du périurbain. En effet, les tenants de la crise des espaces publics s'appuient sur des grilles de lecture qui demeurent largement urbano-centrées. Dans cette perspective, les espaces publics sont considérés comme les lieux par excellence de l'urbanité, c'est-à-dire de la densité et de la diversité, permettant la rencontre aléatoire d'une variété de personnes et d'objets, à l'image des rues et des places des centres-villes (Hannerz, 1983). Or, il apparaît plus opératoire d'appréhender les espaces publics comme une « construction sociale » (Korosec-Serfaty, 1988, p. 111) et de les définir conjointement comme des espaces ouverts au public – quels que soient leur statut (public ou privé) et leur aménagement à destination du public – et comme des espaces pratiqués par le public pour divers motifs, des interactions découlant potentiellement de ces pratiques. Cette définition permet d'insister sur le fait que la nature, l'intensité et la diversité des usages et, avec eux, des interactions sociales, peuvent varier considérablement dans l'espace et dans le temps (Dessouroux, 2003 ; Fleury, 2014).

À partir d'une enquête portant sur les pratiques et les représentations des habitants dans les franges nord de la métropole parisienne[1], cet article s'intéresse aux différents espaces assurant pour les habitants, à un moment ou à un autre, la fonction d'espace public, sans *a priori* quant à leur forme ou à leur statut, en s'interrogeant autant sur la nature de ces espaces publics que sur le rapport que les habitants entretiennent avec eux. À la suite des

[1] Cet article s'appuie sur les travaux d'une équipe composée de Sandrine Berroir, Matthieu Delage, Marianne Guérois, Antoine Fleury, Sylvie Fol, Juliette Maulat, Lina Raad et Julie Vallée, dans le cadre du contrat PUCA « Lieux et hauts lieux des densités intermédiaires » (2012-2014).

travaux démontrant que les espaces périurbains approchent d'un stade de « maturité » (Berger, Aragau, Rougé, 2014), l'article entend montrer que cette évolution s'articule avec l'émergence ou le réinvestissement d'espaces publics, en lien avec des pratiques de proximité, avec des processus de valorisation et d'ancrage locaux. Après avoir présenté le terrain et l'enquête, il s'agira de montrer la variété des espaces publics pratiqués par les habitants au sein des espaces périurbains pour ensuite s'intéresser aux interactions sociales qui caractérisent ces espaces publics. Enfin, l'accent est mis sur la dimension symbolique acquise par un certain nombre d'entre eux pour les habitants, contribuant ainsi à leur ancrage dans le périurbain.

Enquête dans l'Oise et le Val-d'Oise

L'enquête a été réalisée dans les secteurs d'Écouen-Ézanville, en bordure de l'agglomération parisienne et de deux petites villes situées à environ 50 km de Paris, Méru et Senlis, la première étant incluse dans l'aire urbaine de Paris, la seconde définissant une petite aire urbaine. Ces trois secteurs s'inscrivent dans un espace où se mêlent forêts domaniales et grande culture céréalière, jalonné de petites villes tantôt industrielles (Creil, Méru...), tantôt tertiaires (Chantilly, Senlis...). Le processus de périurbanisation y est plus ou moins avancé, aboutissant à une densification variable, selon la distance à l'agglomération et aux infrastructures de transport, mais aussi selon la spécificité des contextes locaux, avec parfois de fortes contraintes (parc naturel régional et sites naturels classés, plan d'exposition au bruit, etc.). Enfin, de grands contrastes sociaux traversent cette région, avec d'un côté une surreprésentation d'employés et d'ouvriers sur les franges de l'agglomération parisienne, dans la vallée de l'Oise et dans le pays de Thelle et, de l'autre, une surreprésentation de cadres dans les environs de Senlis, Chantilly et L'Isle-Adam d'autre part, le reste de la région accueillant plutôt des classes moyennes, avec une surreprésentation des professions intermédiaires ?

Une centaine d'entretiens semi-directifs[1] a été menée, pour moitié dans des communes urbaines (centres et quartiers périphériques) et pour moitié dans des petites communes alentours. Ce choix s'explique par la volonté de dépasser une acception réductrice du périurbain et d'intégrer des espaces caractérisés avant tout par leur position intermédiaire, marqués par une certaine diversité en termes d'habitat, d'emploi, d'équipements et de commerces. Les trois secteurs reflètent par ailleurs les contrastes sociaux évoqués ci-dessus, tout en renvoyant à des degrés différents de périurbanisation. Les enquêtés ont été approchés soit directement à leur domicile, soit par l'intermédiaire d'autres habitants. Les entretiens portaient sur trois thèmes : le parcours résidentiel et biographique ; l'espace de vie formé par l'ensemble des lieux fréquentés en lien avec une activité ; l'attachement et l'ancrage dans le territoire, ainsi que les représentations spatiales. La question des espaces publics était abordée par le biais des activités ou des représentions spatiales, puis à partir de

[1] Les entretiens ont été réalisés puis retranscrits au cours de l'année 2013 par Marie Bocquet, Helin Karaman, Simon Labussière et Eugênia Viana.

photographies comprenant toute une gamme d'espaces potentiellement publics, à proximité ou à distance du lieu de résidence.

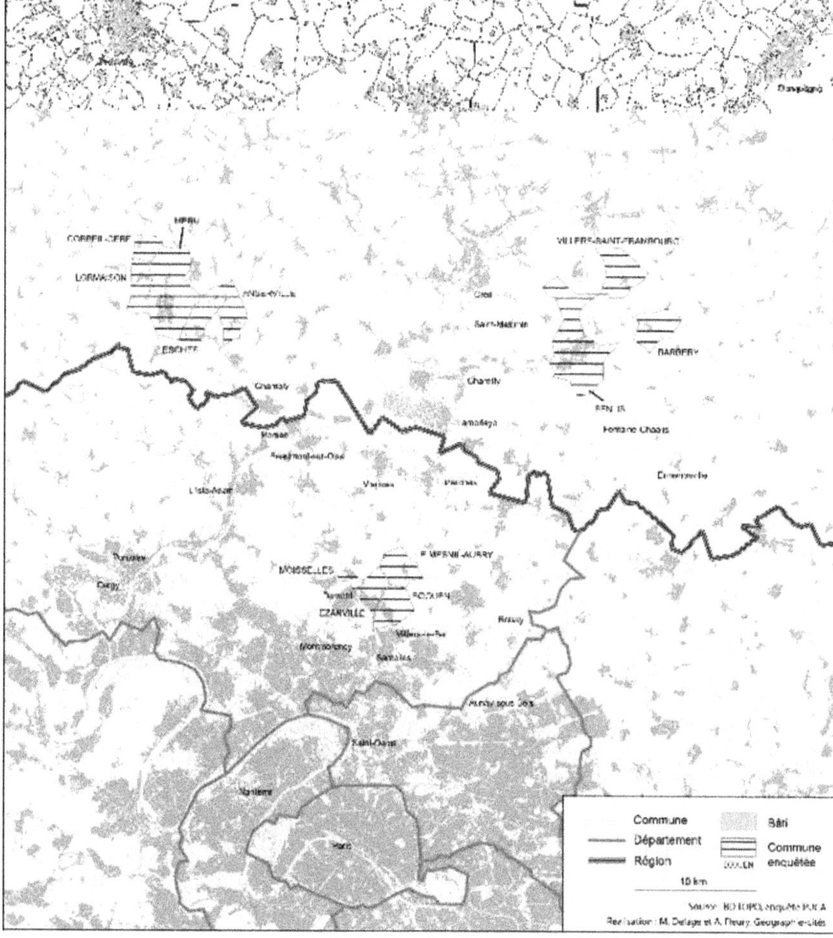

Figure 1 : carte de localisation

Usages et formes

Dans le champ des études périurbaines, plusieurs travaux mettent en avant les espaces ouverts et leur publicisation (Poulot, 2013). Si l'enquête confirme ce résultat, elle rappelle que les habitants du périurbain fréquentent de nombreux autres espaces publics, y compris dans les petites villes dont on sait qu'elles polarisent de plus en plus les territoires périurbains (Bonin-Oliveira, 2011 ; Aragau, 2007). Leurs usages s'inscrivent en fait dans des espaces aux formes variées – ouverts ou bâtis, de « nature » ou artificialisés – entre lesquels se dessinent de nouvelles continuités.

Publicisation des espaces ouverts et réinvestissement des villages : de nouvelles continuités

Les espaces ouverts sont pratiqués par la majorité des enquêtés. Il s'agit d'une part des espaces ouverts situés à proximité du lieu de résidence, où les habitants se rendent à pied, plusieurs fois par semaine. Comme cela a déjà été montré sur d'autres terrains (Le Caro, 2007), les usages sont multiples, incluant surtout la promenade et la flânerie, mais aussi des activités sportives (vélo, randonnée, équitation, etc.) ou encore la cueillette (fleurs, fruits, champignons, etc.). Selon la localisation du logement, les habitants privilégient les bois et les forêts ou bien les champs et les chemins. Il s'agit d'autre part d'espaces ouverts plus éloignés où les habitants se rendent le plus souvent en voiture, le weekend, pour y pratiquer une gamme un peu plus étendue d'activités (incluant par exemple le pique-nique), sur une plus longue durée (figure 2).

Figure 2 : promenade dans les espaces ouverts à proximité d'Auvers-sur-Oise (cliché : A. Fleury, 31/10/2013)

Quand ils résident dans des petites communes, il arrive également que les enquêtés se promènent régulièrement dans le centre du village. Il y a alors une continuité forte avec les espaces ouverts dans leurs cheminements. Pour autant, la plupart ne s'y rendent que très rarement, arguant du manque de commerces et plus globalement du manque d'animation pour justifier cette faible fréquentation. La grande majorité des enquêtés a néanmoins pour point commun de se rendre dans d'autres villages ou bourgs de la région, pour faire des achats alimentaires ou pour se promener, certaines de leurs sorties dominicales dans les espaces ouverts comprenant une étape dans un ou plusieurs villages. Ainsi, certains villages constituent de véritables attractions touristiques locales, comme par exemple Pierrefonds, Fontaine-Chaalis ou Gerberoy. Mais ce sont finalement plutôt les événements tels que les foires, les fêtes et les brocantes qui contribuent au réinvestissement des villages et des bourgs. Ces événements constituent des buts de sortie le weekend, certains enquêtés sillonnant même la région, d'une brocante à l'autre.

En définitive, au-delà de celles qui s'inscrivent dans la proximité au lieu de résidence, ces pratiques de l'espace ouvert comme des villages et des bourgs sont relativement éclatées dans l'espace et dans le temps, en lien avec des déplacements en voiture. Pour autant, les pratiques spatiales de certains enquêtés commencent à construire des continuités dépassant l'échelle de la proximité physique. La pratique du vélo, de l'équitation ou encore de la randonnée y contribue, construisant des continuités territoriales jusqu'aux petites villes alentours :

« Il y a plein de sentiers agricoles qui sont super sympas et on peut aller très loin. [...] Au-dessus d'ici, c'est que des petits villages et tout se rejoint par petits sentiers agricoles. [...] Je peux aller jusqu'à Royaumont, jusqu'à la forêt de L'Isle-Adam et tout, c'est vraiment bien. Et en partant, là, du centre-ville, quasiment. Dès derrière la mairie, là, il y a déjà un petit sentier. [...] On peut aller jusqu'à L'Isle-Adam, jusqu'à Pontoise, même. Je l'ai fait une fois. » (Nathalie, 41 ans, professeur des écoles, Écouen/centre-ville)[1].

Les espaces publics des petites villes : une hybridation avec les espaces ouverts

Les espaces publics des petites villes sont également très pratiqués. Les usages correspondent d'une part à des pratiques de consommation et de loisirs dans ces centres-villes qui sont des pôles commerciaux non négligeables, d'autre part à la promenade et la flânerie. Ces pratiques régulières s'accompagnent souvent d'un discours valorisant la marche à pied, l'accès facile à diverses ressources urbaines, en particulier les commerces. Par ailleurs, les espaces publics urbains que sont les rues et les places sont souvent étroitement connectés, dans les pratiques des enquêtés, avec les espaces ouverts ou de « nature ». Bien souvent, on ne parle pas de la ville sans rappeler la présence de forêts ou de bois à proximité, mais aussi de la nature présente en ville. Les chemins qui relient les faubourgs au centre-ville ou la promenade des remparts à Senlis illustrent bien cette imbrication que l'on retrouve dans les itinéraires de promenade : *« On passe par le petit chemin qui fait très campagne pour aller en centre ville. (...) On a vraiment l'impression d'être à la campagne pratiquement jusqu'au centre-ville »* (Annabelle, 53 ans, professeure du secondaire, Senlis/Faubourg Saint-Martin).

De plus, une majorité des enquêtés se rend régulièrement dans les petites villes plus lointaines – en distance mais pas forcément en temps de parcours – le weekend ou pendant les vacances. La plupart d'entre eux déclarent qu'ils vont s'y promener, qu'ils aiment y flâner après un repas au restaurant ou avant un moment dans un café. La ville la plus souvent citée est L'Isle-Adam, à la fois pour son centre-ville et pour sa promenade le long de l'Oise : *« L'Isle-Adam, c'est une ville où c'est agréable d'aller se promener à pied, le long de l'Oise et même dans le centre-ville, dans les petites rues*

[1] Les prénoms ont été modifiés afin de respecter l'anonymat des enquêtés.

commerçantes, même là, c'est très sympa. Ça fait partie des villes que j'aime bien [...]. Et puis c'est pas loin » (Julie, 51 ans, professeure des écoles, Ézanville). Mais Auvers-sur-Oise, Chantilly ou encore Senlis reviennent également souvent dans le discours des enquêtés. Toutes ces petites villes sont fréquentées pour les mêmes raisons, à savoir parce qu'elles offrent un cadre agréable qui combine des caractéristiques urbaines (commerces, patrimoine...) et « naturelles » (végétation, plans d'eau...).

Les centres commerciaux : de l'achat à la flânerie

La plupart des enquêtés fréquentent les zones d'activités commerciales et en particulier les centres commerciaux. Pour autant, la régularité du recours et le rapport à ces lieux sont très diversifiés, notre enquête venant conforter sur ce point d'autres travaux (Gasnier, 2012). Une partie non négligeable des enquêtés ne développe qu'un usage fonctionnel des centres commerciaux. C'est principalement le fait des classes moyennes ayant un capital culturel important et des classes supérieures. Ces enquêtés ne fréquentent qu'occasionnellement les espaces commerciaux périphériques et pour des achats spécifiques ; plusieurs d'entre eux favorisent d'ailleurs les *drives*, ce qui leur évite la fréquentation d'un magasin ou d'une galerie commerciale. Ils préfèrent en grande majorité se promener dans les espaces ouverts et flâner dans les espaces publics urbains, en particulier ceux des petites villes.

Le rapport des classes moyennes et, en moindre mesure, des classes populaires aux centres commerciaux est très différent. Confirmant les résultats obtenus par d'autre chercheurs (Sabatier, 2006), l'enquête montre que ces habitants se rendent pour certains plusieurs fois par semaine dans un centre commercial, avec des usages assez diversifiés : s'approvisionner, faire du shopping, flâner, se détendre (figure 3). Il s'agit en général de centres commerciaux proches du lieu de résidence, c'est-à-dire situés à quelques minutes en voiture, associant un hypermarché et une galerie marchande. Mais ces enquêtés sont également prêts à se rendre dans des centres commerciaux plus éloignés, offrant une plus grande diversité de commerces et de services. On s'y rend alors en couple ou en famille, pour faire du shopping mais aussi pour déjeuner ou dîner et pour se promener. Néanmoins, les autres espaces publics n'en sont pas moins fréquentés intensément par ces enquêtés. Ainsi, Nora (37 ans, mère au foyer, Écouen/Bois Bleu) précise qu'elle aime se promener dans le centre commercial « Plaine de France » à Moisselles tout autant que dans les champs autour de chez elle, et qu'elle se rend régulièrement à L'Isle-Adam et à Chantilly le weekend, en famille ; quant à Noël (23 ans, étudiant, Esches), il a pris l'habitude d'aller à Marne-la-Vallée pour se promener et faire du shopping avec son amie dans le centre commercial Val d'Europe mais il se promène aussi beaucoup dans la campagne. Ces types d'espaces et leurs usages n'en restent pas moins très différents, c'est pourquoi il convient maintenant de s'interroger sur la nature de ces espaces publics, à savoir sur les interactions sociales qui les caractérisent.

Interactions sociales

Si les habitants des franges métropolitaines pratiquent intensément les espaces ouverts, c'est davantage pour le contact avec la « nature » (Poulot, 2013) que pour la rencontre avec autrui. Mais l'enquête montre qu'ils sont bel et bien confrontés à toute la gamme des interactions en public depuis longtemps identifiée par les sciences sociales (Hannerz, 1983 ; Lofland, 1998) et qu'ils rencontrent – à un moment ou à un autre – une certaine variété de personnes et d'objets.

Faiblesse des interactions avec des personnes et richesse des interactions avec la « nature »

Un certain nombre d'habitants apparaissent relativement indifférents aux espaces publics de la ville dense et certains développement un discours de rejet vis-à-vis de ces derniers. Ce faisant, ils les opposent souvent aux espaces ouverts des franges périurbaines, caractérisés par la faiblesse des interactions avec d'autres personnes. Ainsi, Gabriella (47 ans, assistante maternelle, Le Mesnil-Aubry) *« aime autant aller [se] balader dans les champs »* parce qu'elle se sent *« plus à l'aise toute seule au milieu d'un champ qu'avec des gens qu'[elle] n'apprécie pas forcément ».* Quant à Paul (61 ans, technicien à la retraite, Écouen/Bois Bleu), il aime marcher dans les chemins ruraux car *« on peut marcher 15 mn sans croiser personne ».* Mais le corollaire de cette faiblesse des interactions avec d'autres personnes, c'est le contact privilégié avec la « nature » offert par les espaces ouverts. De nombreux enquêtés insistent sur la beauté des paysages et de leurs changements suivant les saisons, sur la diversité de la flore et de la faune, mais aussi, même si c'est un peu moins courant, sur les odeurs et sur les bruits de la « nature ». Si l'on a affaire à un espace qui est alors davantage caractérisé par la rencontre aléatoire d'une variété d'objets que d'une variété de personnes, force est de constater qu'il s'agit tout de même bien là de l'un des éléments de définition de l'espace public, trop souvent oublié.

Pour autant, la possibilité de rencontre avec des inconnus existe. Elle est parfois appréciée, quand il s'agit d'un autre randonneur ou d'un autre cueilleur avec qui l'on échange quelques mots. Mais ce sont les risques de ces rencontres qui sont surtout mises en avant, notamment par les femmes et limitent d'ailleurs en partie l'usage des espaces ouverts. La plupart des parents soulignent également qu'ils ne laissent pas leurs enfants aller jouer ou se promener seuls dans les espaces ouverts alentours. Ces risques plus ou moins fantasmés rappellent une nouvelle fois que l'on a bien affaire à des espaces publics. Ils renvoient en effet à la nature même de ce dernier, lieu de rencontres inopinées et parfois dangereuses, ce qu'amplifie la faible densité d'usages caractéristique du périurbain (Le Goff, Malochet, 2012).

Sociabilités de voisinage

Les pratiques des habitants révèlent cependant aussi la recherche d'interactions sociales en public. Il s'agit tout d'abord des sociabilités de voisinage, qui définissent un type d'espace public qualifié de *« parochial realm »* par L. Lofland (1998). Rejoignant les résultats d'autres recherches (Morel-Brochet, 2007), l'enquête montre que les sociabilités de voisinage existent, même si elles ne sont pas systématiques, et qu'elles s'inscrivent bien souvent en extérieur. Au minimum on se dit bonjour et l'on échange quelques mots sur le pas de la porte. Mais il y a aussi des moments de sociabilités plus intenses : fêtes entre voisins (apéritifs, barbecues, etc.), animations organisées par des associations ou par la commune (marchés, brocantes, carnavals, etc.). Le rôle des commerces est ponctuellement mis en avant : le passage de la camionnette du boulanger est l'occasion de se retrouver entre habitués à Anserville ; certains commerçants parviennent à créer des lieux attractifs, comme le « Le Bar'béry », très apprécié des jeunes de Barbéry et des environs. On retrouve le même genre de discours et de pratiques pour les communes urbaines, où les habitants mettent bien souvent en avant les sociabilités avec leurs voisins :

« On s'entend très bien avec mes voisins. (...) Ici c'est vraiment une toute autre ville et les gens prennent le temps de s'arrêter et de discuter et tout ça. (...) Ici, [ils] sont très bavards. Ils sont plus ouverts, plus faciles à approcher. [...] Une fois qu'ils ont la confiance, une fois qu'ils comprennent qu'on est gentil, ben c'est l'ouverture, c'est la chaleur humaine, c'est... "bah venez prendre un café, venez partager un gâteau..." » (Flora, 27 ans, gestionnaire de paies, Méru/Le Val).

Il est également souvent fait allusion aux petits commerçants que l'on connaît bien ou qui, tout du moins, prennent le temps d'un véritable échange. Autant de sociabilités que l'on ne retrouve pas dans l'agglomération parisienne, comme le soulignent un certain nombre d'enquêtés et qui rapprochent les petites villes des villages : *« Écouen, c'est un village, et l'on s'y sent bien. On est bien accueilli par les commerçants, les voisins sont agréables et courtois (...). À Paris, on pourrait plus retrouver ça, par exemple »* (Fanny, 27 ans, hôtesse d'accueil, Écouen). Enfin, les centres commerciaux constituent aussi un lieu où l'on peut croiser les mêmes personnes de manière régulière et prendre le temps d'échanger avec elles, que ce soit des vendeurs, des caissières ou d'autres clients.

Côtoiement de l'altérité

Outre ces sociabilités liées à l'interconnaissance, les pratiques des habitants révèlent aussi une confrontation à un autre type d'espace public correspondant cette fois-ci aux critères de définition les plus classiques, à savoir des lieux de rencontres et de sociabilités inopinées avec des inconnus (la *« public realm »* évoquée par L. Lofland [1997]). Les petites villes sont sans surprise au premier chef concernées.

« À Senlis, on se déplace à pieds, on rencontre des gens. On se fait des amis... C'est facile » explique ainsi Marcel (68 ans, retraité, Senlis centre). Même si les enquêtés n'en parlent pas beaucoup, les centres commerciaux et leurs galeries marchandes les confrontent également à un grand nombre d'inconnus, en particulier en fin de semaine, mais cette fois-ci dans un cadre strictement normé et contrôlé (figure 3). Enfin, il arrive que les rues et les places des villages ou les bourgs se muent aussi, même si c'est de manière

temporaire et exceptionnelle, en lieux majeurs du côtoiement avec des inconnus. C'est le cas des villages les plus touristiques, comme en témoigne Léon (84 ans, retraité, Lormaison) : *« On aime bien aller une ou deux fois l'an à Gerberoy [même si] le dimanche, c'est un peu la foule, c'est un peu la cohue »*. C'est aussi des villages et des bourgs où se tient un marché, mais surtout dans le cadre d'événements du type brocante, festival, etc., dont le succès est important, alors même que les bourgs et villages sont peu fréquentés le reste de l'année. Dans ces événements se nouent des interactions qui renvoient à l'interconnaissance, puisque ces animations sont souvent organisées par des associations locales et en premier lieu fréquentées par les riverains, mais correspondent aussi au côtoiement de personnes venues de toute la région.

Figure 3 : centre commercial « Plaine de France » à Moisselles (cliché H. Karaman, 19/04/2013)

Attachement et valorisation symbolique

À la différence des années 1960-1970, période durant laquelle les périurbains étaient plus soucieux de la taille des logements et de leur coût (Berger, 2004), les habitants valorisent désormais fortement leur environnement résidentiel, non seulement les espaces ouverts (Poulot, 2013) mais aussi d'autres espaces publics, principalement à caractère patrimonial. Pour eux, ces espaces semblent ce faisant *représenter* un cadre de vie et, bien plus, une manière de vivre. On relève aussi un attachement à certains espaces publics en particulier, en lien avec des expériences passées ou des pratiques répétées, ce qui vient confirmer la thèse de l'ancrage périurbain (Berger, Aragau, Rougé, 2014).

Les espaces ouverts, emblématiques d'un cadre de vie fortement valorisé

Outre l'accessibilité ou encore la proximité des commerces et services, les espaces ouverts sont régulièrement mobilisés pour qualifier l'espace de résidence. Venant conforter les résultats de nombreuses études récentes (Poulot, 2013), l'enquête montre que les espaces ouverts sont fortement valorisés par une majorité d'habitants[1], en tant que paysages – on aime voir les champs ou les bois depuis sa fenêtre, les traverser au cours de ses déplacements quotidiens – mais aussi, en lien avec une pratique régulière, en tant que lieux de « ressourcement ». Cette fonction symbolique attribuée aux espaces ouverts est évoquée à de multiples reprises par les enquêtés et constitue l'un des moyens qui leur permettent de se différencier des habitants de la grande ville :

- « *Il n'y a personne [...]. Tu te ressources [...], moi je ne me ressource pas en ville* » (Gilles, 52 ans, professeur du secondaire, Senlis Faubourg Saint-Martin).
- « *J'aime bien être au calme avec la nature : j'ai besoin de ça, de me ressourcer. Quand je pars marcher souvent au départ j'ai la musique et puis soudain j'arrête parce que j'ai le bruit des oiseaux, de la nature.* » (Ariane, 46 ans, décoratrice d'intérieur, Senlis centre).

Certains enquêtés utilisent même des termes encore plus forts : Flora (27 ans, gestionnaire de paies, Méru/Le Val) précise que *« faire des ballades à l'extérieur »* lui permet de *« s'échapper (...) spirituellement »* et Doreen (24 ans, maquilleuse, Moisselles) considère les espaces ouverts comme *« vitaux »*, en lien avec ses activités d'équitation. Il en découle un attachement important à ces espaces.

Ainsi, une partie des enquêtés précise que ce qu'ils regretteraient le plus s'ils devaient déménager, en dehors de leur maison et parfois de leurs voisins, ce sont justement les espaces ouverts en général, voire certains espaces ouverts en particulier (un bois, une rivière, un étang, etc.). À cet attachement fait clairement écho la crainte de certains habitants face à l'urbanisation : la construction de nouveaux pavillons ou infrastructures ferait disparaître certains espaces ouverts auxquels ils sont attachés, remettant en cause leur cadre de vie mais aussi, dans une certaine mesure, les valeurs qu'ils lui associent. Au final, les espaces ouverts apparaissent bien comme « stratégiques dans la construction d'un territoire périurbain ayant sa propre identité » (Benages-Albert, Bonin, 2013).

Les espaces publics comme reflet de l'ancrage

Les relations sociales et familiales et les pratiques spatiales de proximité sont deux vecteurs d'ancrage dans un espace (Imbert, 2005). Or, associées dans ce cas le plus souvent à une pratique spatiale (exceptionnelle ou répétée), elles s'inscrivent souvent dans les espaces publics. Certains enquêtés racontent des souvenirs de famille liés à certains lieux, tout particulièrement avec leurs enfants :

[1] Les enquêtés appartenant aux classes populaires et certains « petits moyens » ne développent pas, à l'inverse, de discours particulier sur les espaces ouverts, en lien avec un espace de vie moins étendu et des pratiques de loisirs peu diversifiées.

« Quand je me suis mariée (...) on a été dans la cour du château [d'Écouen] parce qu'y a une espèce de restaurant, là (...). Et on s'est souvent promené là avec les filles [dans] la forêt (...). Juste en sortant de la gare, là-haut, y avait des jeux d'enfants. (...) Et là, c'était le pèlerinage, fallait toujours s'arrêter là. Elles ont aussi appris à faire du vélo dans la forêt d'Écouen. Y en a qui se sont pris des bonnes bûches, dans la forêt d'Écouen, quand ils savaient pas trop freiner ! » (Alexandra, 43 ans, sans emploi, Écouen/Bois Bleu)

D'autres, en particulier ceux qui ont grandi sur place, se rappellent des souvenirs d'enfance, comme Doreen (24 ans, maquilleuse, Moisselles), qui *« adore l'espace culturel [du centre commercial Leclerc] »* où elle *« [passait] des après-midi entières quand [elle] était petite »* et précise que *« toutes ces photos [d'espaces ouverts alentours], c'est le défilement de toute [s]a vie »*, ou bien les moments passés entre amis sur les terrains de sport, dans les bois ou autour des bancs qui jalonnent ces communes périurbaines au moment de l'adolescence. Ainsi, Dolores (38 ans, assistante maternelle, Écouen, Bois Bleu) évoque *« les délires qu'on a pu avoir entre potes, étant jeunes »* dans la forêt d'Écouen et Noël (23 ans, étudiant, Esches) parle d'un petit bois où lui et ses amis, adolescents, *« [allaient] souvent se poser avec les guitares »*. D'autres enfin expriment leur attachement à la rue dans laquelle ils habitent, lieu d'interconnaissance, d'échanges voire de solidarité entre voisins depuis parfois de longues années.

Ce rapport affectif passe parfois par la construction d'une toponymie propre, partagée au sein du cercle familial ou d'un réseau d'amis. Par exemple, plusieurs habitants d'Anserville, qui font régulièrement des promenades entre voisins, ont attribué des noms à certains chemins. L'un d'eux raconte ce qui les a amenés à baptiser l'un d'eux le « chemin du Génépi » :

« Y a deux trois ans, y a eu de la neige, donc on était sur le trottoir, chacun sur le trottoir à déblayer (...). Et puis ça a fini (...) et on a fait buvette (...) sur le trottoir. Et puis l'après-midi, on a été se balader, y en a un qui avait une bouteille de génépi et on a bu le génépi dans un abri de chasse là-bas, quoi. Oui, c'est le chemin du génépi. » (Eric, 59 ans, commercial, Anserville).

Ainsi les espaces ouverts, tout comme les rues et places de bourgs, peuvent-ils symboliser les liens familiaux ou ceux qui se sont tissés entre voisins, contribuant ce faisant indirectement à l'ancrage dans ces territoires périurbains.

Espaces publics, hauts lieux et entre-lieux

Un petit nombre d'espaces publics constitue ou s'inscrit dans des hauts lieux[1] dont l'enquête montre qu'ils sont eux aussi mobilisés par les

---

[1] Le haut lieu peut être défini comme une entité spatiale nommée et appropriée par un groupe social, dont la singularité est d'être élevée dans l'échelle des valeurs, une « hauteur qui relève d'une distinction sociale et physique, d'une appropriation collective et d'une forme de sacralisation » (Clerc, 2004). À la suite de B. Debarbieux (1995), nous utilisons ici le terme dans une acception élargie « d'autres croyances et à d'autres constructions territoriales ».

habitants[1] pour caractériser leur espace de résidence. Il s'agit d'une part de grandes forêts domaniales. Plus particulièrement dans le secteur de Senlis (Chantilly, Ermenonville, etc.), les forêts sont clairement identifiées comme des éléments de patrimoine et par là-même comme des points de repère dans la région. Quant aux rues des petites villes et bourgs ayant conservé un riche patrimoine, elles sont évoquées à de multiples reprises en tant qu'éléments paysagers très valorisés, avec force détails concernant les façades, la végétation, le mobilier urbain, etc. Les habitants font notamment une référence appuyée aux « rues pavés » (figure 4) ; celles-ci apparaissent comme un marqueur d'historicité voire de patrimonialité et un certain nombre d'entre eux précisent même être très attachés à ces pavés, comme Jeanne-Marie (60 ans, mandataire liquidateur, Villers-Saint-Frambourg) pour qui *« les pavés sont le prolongement de [s]es pieds »*. Pour les habitants qui résident dans ou à proximité de ces hauts lieux, cette valorisation et cet attachement sont plus grands encore – rues et places patrimonialisées participent alors de l'attachement à des petites villes où « il fait bon vivre » et que l'on regretterait si l'on devait déménager – et se doublent d'un sentiment de fierté :

« Moi je suis très fière quand les gens viennent à Écouen, parce que je trouve ça beau. Bien rénové et tout. Moi j'ai une certaine fierté de ce petit village quand ils viennent, et ils ne sont jamais déçus. (...) ça représente une certaine image de la France et j'en suis très fière. Que ce soit bien conservé, bien accessible, c'est pavé, c'est paisible. » (Fabiana, 43 ans, éducatrice spécialisée, Écouen).

Les centres des villages et des bourgs font également l'objet, même si c'est en moindre mesure, d'une valorisation et d'un attachement personnel. Comme cela a déjà été montré (Fourny *et al.*, 1997), les représentations mettent alors en avant la dimension patrimoniale de ces espaces publics, voire leur rôle identitaire à l'échelle de la commune, en particulier les places, en lien avec l'église et la mairie (figure 4).

[1] Même si les enquêtés les classes moyennes à fort capital culturel et des classes supérieures d'une part, les habitants les plus ancrés d'autre part, font référence à une large gamme de hauts lieux, les plus valorisés de ces lieux sont cités par une grande majorité des enquêtés, au-delà des différences en termes de parcours résidentiel, d'ancienneté de résidence et d'appartenance sociale.

Figure 4 : Une rue de Senlis (cliché A. Fleury, 29/10/2013)

Enfin, même si une partie des enquêtés ne les valorisent pas, les considérant principalement sous un angle fonctionnel, et qu'un certain nombre, notamment parmi les classes moyennes et supérieures, les dévalorisent plutôt, les centres commerciaux sont également valorisés par une partie des enquêtés.

« Le Leclerc, c'est vrai que c'est pas mal, parce qu'il y a beaucoup de choses à voir. (...) En fin de compte, c'est le plus grand de France. Il est immense, donc c'est vraiment... Vous avez des tonnes de magasins, donc il y a des moments où j'ai envie de chiner un peu, je vais là. C'est sûr que Lidl c'est moins intéressant que Leclerc ». (Dolores, 38 ans, assistante maternelle, Écouen/Bois Bleu)

Ils tendent à devenir des centralités au sens plein du terme, des lieux polarisants à forte dimension symbolique, et s'apparentent ce faisant à des « entre-lieux » (Turgeon, 1998), des hauts lieux en construction. Ils viennent d'ailleurs concurrencer certains centres-villes anciens dont l'évolution est parfois perçue sous l'angle d'une dégradation – matérielle comme symbolique – par les habitants.

Conclusion

L'un des défis à relever pour la recherche sur les espaces publics est aujourd'hui d'éviter l'écueil d'une définition de ces derniers comme espaces de densité et de diversité. Cette vision « urbano-centrée », dont découle nécessairement la mise en évidence d'un degré de publicité voire d'urbanité, doit être dépassée si l'on souhaite s'intéresser à *tous* les espaces publics des régions métropolitaines. L'enquête menée sur les franges nord de la métropole parisienne confirme tout d'abord le rôle majeur des espaces ouverts dans l'habiter périurbain. Ce sont en effet des espaces intensément pratiqués qui sont aussi emblématiques d'un mode de vie au contact de la « nature » et participent de l'ancrage des habitants dans ces territoires. Elle rappelle néanmoins avec force que les habitants n'en pratiquent pas moins d'autres espaces publics, au cœur des bourgs, dans les centres commerciaux ou dans les petites villes. Dans ce cadre, les sociabilités de voisinage ne sont pas rares et, *à un moment ou à un autre*, les interactions sociales dans l'anonymat existent, notamment dans les petites villes, les pôles du tourisme local ou lors d'événements tels que brocantes ou festivals. De plus, tout autant que les espaces ouverts, ces espaces publics constituent de véritables « référents spatiaux » – pour reprendre les termes de R. Dodier (2007) – permettant aux habitants de marquer leur différence par rapport aux citadins voire leur appartenance à un territoire et, participent, ce faisant, à la construction des « identités spatiales », individuelles ou collectives, en périurbain.

Si cette entrée par les espaces publics vient confirmer qu'émerge bel et bien une territorialité spécifique dans les espaces périurbains, se distinguant à bien des égards de celle de la ville dense, elle permet également de rappeler l'inscription de ces espaces dans un ensemble plus vaste. En premier lieu, il ne faut pas oublier que les habitants des franges métropolitaines fréquentent, plus ou moins régulièrement, des espaces publics situés dans la ville dense (transports en commun, centres commerciaux, rues et places, etc.), même s'ils entretiennent des rapports particulièrement ambivalents avec ces derniers. Ensuite, quand on se garde d'idéaliser les espaces publics de la ville dense, dont la fréquentation et la capacité de mélanger des publics différents est très inégale dans le temps comme dans l'espace (Decroly *et al.* 2003), on constate que les modes d'interaction en public, ainsi que les processus de valorisation et d'ancrage que l'on retrouve dans le périurbain ne sont pas si différents de ceux qui caractérisent la ville dense. Enfin, les espaces publics périurbains rendent lisibles une transformation des espaces publics qui concerne de plus en plus les espaces métropolisés dans leur ensemble. Dans ces grandes métropoles où les espaces de vie sont globalement marqués par la distance, la dispersion et la discontinuité, on observe en effet d'une part des « espaces communs [qui] tendent à se présenter comme un milieu de plus en plus socialement vide » (Barbichon, 1991, p. 115) et d'autre part, par contraste, des lieux temporaires de rassemblement et de côtoiement où les habitants « trouvent une satisfaction profonde à éprouver la présence tangible, sous une forme de spectacle quasi cérémoniel, de l'humanité, une et concrète, de la foule » (Barbichon, 1991, p. 119-120). Les uns et les autres se retrouvent aussi bien dans le périurbain qu'au cœur des métropoles, où alternent rues résidentielles peu fréquentées ou seulement traversées et espaces de rassemblement. Si les rythmes et l'intensité de la fréquentation changent, tous ces espaces publics *manifestent* bien la métropole dans toute sa diversité.

Bibliographie

ARAGAU C., 2009, « Les petites villes du périurbain : pérennités et métamorphoses » *in* Vallat C. (dir.), *Pérennité urbaine, ou la ville par-delà ses métamorphoses*, vol. 2, Paris, L'Harmattan, p. 49-58.

BANOS V., SABATIER B., 2010, « Les espaces périurbains non bâtis en France : entre publicisation "urbaine" et privatisation "rurale" ? », *Articulo - Journal of Urban Research*, http://articulo.revues.org/1524.

BANZO M., 2009, *L'espace ouvert pour une nouvelle urbanité*, Habilitation à diriger des recherches, géographie, tome 3, Géographie, Université Michel de Montaigne-Bordeaux III.

BANZO M., COUDERCHET L., VALETTE E., 2010, « La difficile publicisation des espaces ouverts en périphérie urbaine : le parc des Jalles de l'agglomération bordelaise » *in* Dumont M., Hellier E., *Les nouvelles périphéries urbaines. Formes, logiques et modèles de la ville contemporaine*, Rennes, PUR, p. 101-115.

BARBICHON G., 1990, « Espaces partagés : variation et variété des cultures », *Espaces et sociétés*, n° 62/2, p. 107-134.

BENAGES-ALBERT M., BONIN S., 2013, « Le rapport au paysage ordinaire. Approche par les pratiques des espaces de proximité », *Projet de paysage*, http://www.projetsdepaysage.fr/fr/le_rapport_au_paysage_ordinaire._approche_par_les_pratiques_de s_espaces_de_proximite

BERGER M., 2004, *Les périurbains de Paris. De la ville dense à la métropole éclatée*, Paris, CNRS Éditions. Berger M., Aragau C., Rougé L., 2014, « Vers une maturité des territoires périurbains ? », *EchoGéo*, n° 27, http://echogeo.revues.org/13683.

BONNIN-OLIVEIRA S. (dir.), 2011, *Les « pôles secondaires » dans la réorganisation des mobilités : Maturité et durabilité des espaces périurbains ?* Rapport final, Programme PUCA « La mobilité et le périurbain à l'impératif de la ville durable : Ménager les territoires de vie des périurbains ».

CLERC P., 2004, « Haut lieu », *Hypergeo*, http://www.hypergeo.eu/spip.php/article144.

DEBARBIEUX B., 1995, « Le lieu, le territoire et trois figures de rhétorique », *L'Espace géographique*, n° 2, p. 97-112.

DECROLY J.M., DESSOUROUX C. ET VAN CRIEKINGEN M., 2003. « Les dynamiques contemporaines de privatisation des espaces urbains dans les villes européennes », *Belgéo*, n° 1, p. 3-20.

DESJARDINS X., FLEURY A., 2015, « Les espaces publics dans les territoires de densités intermédiaires : conceptions, usages et potentialités », *Revue géographique de l'Est*, à paraître.

DESSOUROUX C., 2003, « La diversité des processus de privatisation de l'espace public dans les villes européennes », *Belgeo*, n° 1, p. 21-46.

DODIER R., 2007, Quelle articulation entre identité campagnarde et identité urbaine dans les ménages « périurbains »? », *Norois*, vol. 202, p. 35-46.

FLEURY A., 2014, « Espace public urbain » *in* Bihr A., Pfefferkorn R. (dir.), *Dictionnaire des inégalités*, Paris, Armand Colin, p. 151-152.

FOURNY M.C., PAGAND B., PRADEILLES J.C., 1997, « Les nouveaux centres périurbains : l'espace public porteur de territoires », *Revue de géographie alpine*, Tome 85, n° 4, p. 83-95.

GASNIER A., 2012, « Géographie de la consommation et pratiques de chalandise des périurbains » *in* Dodier R. (dir.). *Habiter les espaces périurbains*. Rennes, PUR, p. 102-121. Hannerz U., 1983, *Explorer la ville*, Paris, Éditions de Minuit.
IMBERT C., 2005, « Ancrage et proximités familiales dans les villes nouvelles franciliennes : une approche comparative », *Espaces et Sociétés*, n° 119, p. 159-176.
KOROSEC-SERFATY P., 1988, « La sociabilité publique et ses territoires. Places et espaces publics urbains », *Architecture et Comportement*, vol. 4, n°2, p. 111-132.
LE CARO Y., 2007, *Les loisirs en espace agricole. L'expérience d'un espace partagé*, Rennes, Presses universitaires de Rennes.
LE GOFF T., MALOCHET V., 2012, *Insécurité en territoires périurbains. Comparaison de cinq sites franciliens*, Paris, IAU Ile-de-France.
LOFLAND L.H., 1998, *The Public Realm: Exploring the City's Quintessential Social Territory*, New York, Aldine de Gruyter.Morel-Brochet A., 2007, « À la recherche des spécificités du mode d'habiter périurbain dans les représentations et les sensibilités habitantes », *Norois*, vol. 205, p. 23-35.
POULOT M., 2013, « Du vert dans le périurbain », *EspacesTemps.net*, http://www.espacestemps.net/articles/du-vert-dans-le-periurbain-les-espaces-ouverts-une-hybridation- de-lespace-public/.
POUPARD J.M., 2005, *Les centres commerciaux. De nouveaux lieux de socialité dans l'espace urbain*, Paris, L'Harmattan.
SABATIER B., 2006, *La publicisation des espaces de consommation privés. Les complexes commerciaux récréatifs en France et au Mexique*, thèse de doctorat en géographie, université de Toulouse II Le Mirail.
TURGEON L., 1998, *Les entre-lieux de la culture*, Québec, Presses de l'Université Laval et L'Harmattan.

DISTRIBUTION DES COMMERCES ALIMENTAIRES DANS LES ESPACES PÉRIURBAINS : QUELLES FORMES D'ORGANISATION DE LA PROXIMITÉ ?

Damien Delaville

Les mutations sociales et économiques, l'évolution des mobilités et des pratiques à l'œuvre depuis plus de cinquante ans ont conduit à une redistribution spatiale des ressources, des lieux d'habitation, de travail, des commerces et équipements formalisant aujourd'hui une géographie du territoire. Le développement de la motorisation s'est notamment traduit par une mutation des lieux et des formes d'habitation dans les espaces situés en périphérie des grandes villes et dans les franges des espaces ruraux que l'on nomme généralement « périurbains ». Pourtant, les transformations récentes à l'œuvre, observées dans les espaces périurbains font valoir une volonté de la part des habitants de s'inscrire en lien avec la vie locale dans une relative « autonomisation », et une pratique renouvelée des bourgs et des villes pôles (Berger, 2014). Les espaces considérés ici comme périurbains sont multiples et répondent à différentes nomenclatures des aires urbaines de l'INSEE : couronne d'un grand pôle, couronne d'un moyen pôle, commune multipolarisée,...

Prenant l'exemple du commerce, nous nous demandons alors en quoi le commerce alimentaire est révélateur d'un ancrage territorial particulier. Dans quelle mesure renvoie-t-il à des formes d'appropriation du local par les habitants, et comment participe-t-il à l'organisation de leur territoire de vie ? En quoi les formes de distribution des commerces peuvent être génératrices de déplacements. Pour cela, nous nous intéresserons aux liens entre organisation spatiale des espaces urbanisés, caractéristiques démographiques et distribution des commerces alimentaires.

Cette étude interroge les lieux de vie du périurbain au filtre de la distribution des commerces, notamment alimentaires qui constitue un élément majeur dans la structuration et le fonctionnement des territoires. Elle s'extrait de l'approche centre-périphérie conventionnellement portée sur les territoires périurbains pour adopter comme point de vue, non plus la ville, mais ces espaces en les observant pour ce qu'ils sont, selon leur organisation endogène et non plus, à partir de leur relation supposée à la ville.

Les résultats présentés portent sur deux terrains d'étude, l'un en Picardie, dans la Plaine d'Estrées – entre Compiègne, Soissons, Laon, Saint-Quentin – et l'autre en Région Centre, en Sologne – entre Blois, Orléans, Vierzon – qui présentent des configurations territoriales variées (caractéristiques morphologiques du bâti, une densité humaine et des dynamiques démographiques différentes

Cet article s'articule en quatre parties. Dans la première, nous présenterons l'intérêt d'étudier les espaces périurbains à une échelle d'urbaniste en prenant comme élément de référence les espaces bâtis. Dans la seconde, nous montrerons en quoi les commerces constituent un objet d'étude pertinent dans l'analyse des espaces périurbains, révélateurs de leur organisation et de leur fonctionnement. Nous introduirons la notion de « pôle de commerces » qui permet de formaliser l'émergence de polarités territoriales. La troisième sera consacrée à l'analyse détaillée de la distribution des commerces alimentaires dans les terrains d'étude. Nous verrons qu'ils sont implantés majoritairement dans le haut de la trame urbaine et se concentrent principalement dans les bourgs. Au final, nous observerons que le croisement de la typologie des pôles de commerces fait émerger des variations entre le niveau de l'offre de commerces proposée et le nombre d'habitants.

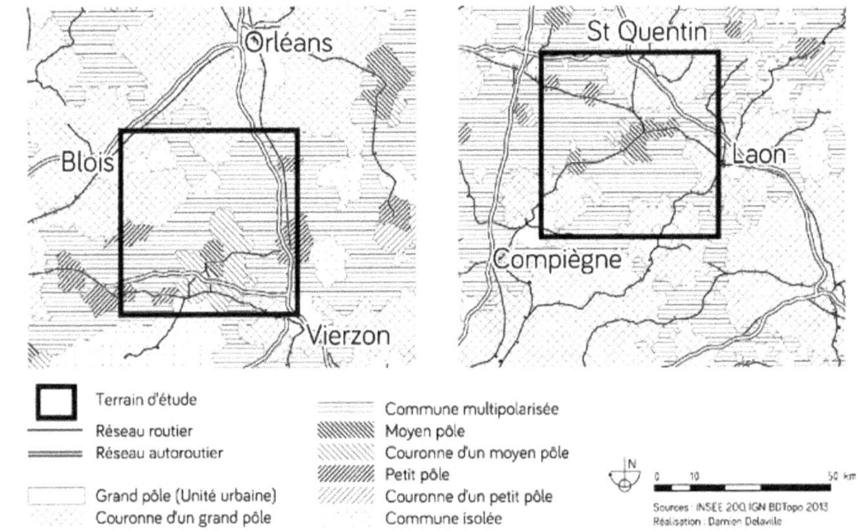

Figure 1 : deux terrains d'études en situation périurbaine et contenant des territoires contrastés

Diversité morphologique des espaces périurbains

Les analyses menées sur les espaces périurbains sont souvent conduites à l'échelle de la commune (Berger, 2004, INSEE, 2001, Motte, 2006). Or la commune ne représente pas un échelon idéal. En effet, leur taille est loin d'être homogène : « la dimension des communes [...] est plus importante dans les zones d'habitat dispersé que dans celles d'habitat aggloméré » (Prats, 2000). Ainsi, dans nos deux terrains d'étude, la taille des communes est quatre fois plus importante en Région Centre (34.9 km²) qu'en Picardie (8 km²).

De plus, en les étudiant sous l'angle de leur morphologie, on observe que les communes sont rarement constituées d'une seule entité bâtie. Au contraire, elles en sont définies par un nombre important – lieux-dits, hameaux, villages, bourgs – dispersées au sein de leur territoire et héritées pour l'essentiel du milieu agricole (Barrattucci, 2005).

Dans l'observation des espaces périurbains, le choix de la commune comme grille d'analyse induit donc une importante simplification. Elle masque le caractère fragmenté de leur bâti, la diversité de leurs configurations spatiales et sociales et de leur fonctionnement. Afin de dépasser ce biais, il apparait primordial de travailler à un échelon plus fin en se basant sur la morphologie et l'organisation intra-communale de ces territoires.

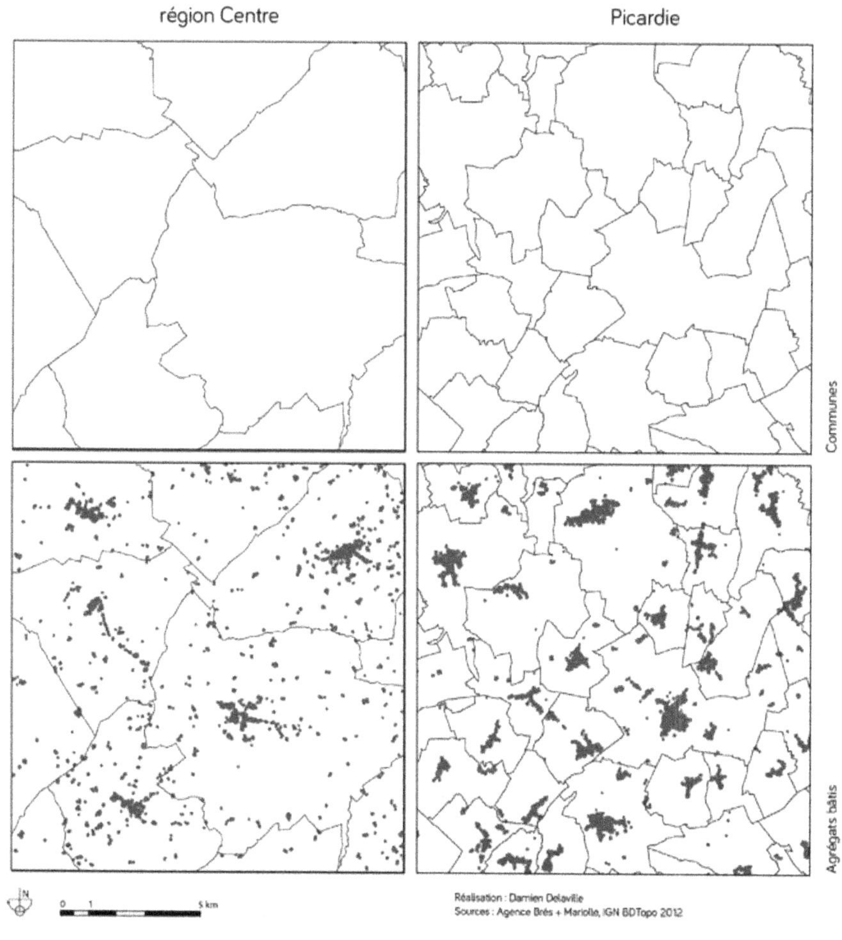

Figure 2 : de l'échelle communale à celle de l'agrégat bâti

Il apparait alors nécessaire de s'extraire des limites communales et d'étudier le périurbain à une nouvelle échelle : morphologique sous une approche d'urbaniste. En partant des espaces bâtis il est alors possible de développer une connaissance fine du territoire et de son organisation (distribution de la population, distribution des commerces, densités…).

Les espaces bâtis des terrains périurbains étudiés répondent à des configurations territoriales différenciées (caractéristiques morphologiques du bâti, densité humaine,…) et à une démographie variée (130 000 en Région Centre ; 240 000 en Picardie). L'observation de la distribution de la population des espaces bâtis ou « agrégats bâtis » (Brès 2013 : HDR AB)[1] fait ressortir deux formes d'organisation du territoire. Ainsi, en Picardie, on observe que la population se concentre principalement dans des espaces agglomérés (90% de la population vit dans les villages, bourgs et villes), tandis qu'en Région Centre, elle habite davantage dans de l'habitat dispersé (20% de la population vit dans des maisons isolées).

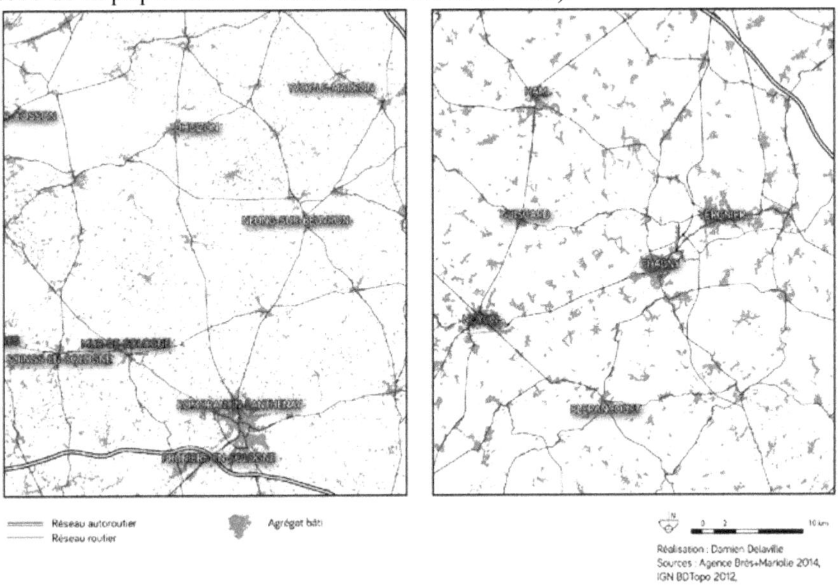

Figure 3 : morphologie des espaces bâtis

En Région Centre, le nombre de groupements isolés, composés de quelques maisons est quatre fois plus important qu'en Picardie, tandis que le nombre de villages et de bourgs y est inférieur (respectivement 68 et 36, contre 226 et 91 en Picardie). Le nombre de hameaux et de villes au sein des terrains est similaire (219 et 11 en Région Centre, contre 223 et 16 en Picardie).

---

[1] Nous entendons ici comme « agrégats bâtis », des espaces bâtis indépendants de l'échelle communale constituant des continuités morphologiques et fonctionnelles (lieux-dits, hameaux, villages, villes…). Ces données sont issues des travaux menés par l'agence Brès+Mariolle dans le cadre de l'ANR FRUGAL. La classification des espaces bâtis est opérée en fonction de la population :

- o groupement de maisons isolées : moins de 15 habitants
- o hameau : de 15 à 100 habitants
- o village : de 100 à 500 habitants
- o bourg : de 500 à 2000 habitants
- o ville : plus de 2000 habitants

	Centre		Picardie	
	Nombre d'espaces bâtis	Population du terrain d'étude	Nombre d'espaces bâtis	Population du terrain d'étude
Groupement de maisons isolées	3 947	20%	910	3%
Hameau	219	9%	223	7%
Village	68	14%	226	28%
Bourg	36	29%	91	27%
Ville	11	28%	16	35%

Tableau 1 : distribution de la population dans les espaces agglomérés dans les terrains d'études

Les commerces comme marqueur de l'organisation des territoires

La notion de commerces de *proximité* peut revêtir plusieurs sens, soit en s'apparentant à l'analyse de la localisation des équipements et des commerces (« proximité de »), soit à la mise en œuvre de relations socialement construites et ne se limitant pas à des critères physiques, de fonctionnements en réseaux (« proximité entre ») (Vant, 1998). La proximité telle que nous la définissons dans cet article renvoie à la pratique d'un espace géographique ou d'un objet par les individus et aux relations qu'ils y nouent. Elle combine l'indicateur classique de la distance à celui des pratiques sociales de lieux de commerces afin de mettre en œuvre une approche englobante dans le but de voir comment *« l'approche de la proximité par la demande et les pratiques sociales permet de la lier aux comportements des habitants dans leurs relations à l'espace »* (Ibid p.11). Le commerce de détail alimentaire constitue un indicateur de proximité dans le sens où sa présence répond à une valeur symbolique et à un besoin de lien social fort pour les habitants (Coutard et al. 2002, Motte, 2006). Ainsi, la détermination de la proximité des usagers du territoire et des commerces repose sur deux éléments : une pratique commerciale et la fréquence d'utilisation, ainsi que la distance entre ces espaces et les lieux d'habitations.

L'analyse de la pratique et de leur fréquence d'utilisation (quotidienne, hebdomadaire, bimensuelle…) par les ménages de commerces ou de lieux regroupant une offre de commerces particulière (centres commerciaux, rue commerçante de centre bourg,…) qui ont été menées montrent que pour les individus, le besoin de proximité à un commerce varie en fonction de la gamme de produits proposés. Les résultats de l'enquête « Lieux et habitudes d'achat » montrent qu'un ménage fréquente en moyenne 3,4 fois par semaine un lieu disposant d'une boulangerie et 1,9 fois pour un lieu disposant d'une grande surface alimentaire (Eymard et Séguin, 2000). L'offre de commerces proposée en un lieu, engendre ainsi une hiérarchisation des espaces fréquentés par les usagers, qui « peut être mise en relation avec les modalités d'organisation de la vie quotidienne des ménages » (David, 2012 p.13).

Le choix d'analyser l'offre commerciale des espaces périurbains à une échelle infra-communale et non communale se pose également pour les commerces.

Il s'agit de sortir du cadre des études portant sur la distribution des commerces et la mise en avant de polarités commerciales à une échelle communale pour développer une approche à l'échelle des espaces bâtis afin de mettre en avant les différences locales d'implantations des commerces.

Le passage d'une réflexion menée à une échelle communale à une autre réalisée à une échelle infra-communale est ici pertinent du fait qu'elle permet de dresser un portrait fin de l'offre commerciale. En croisant cette approche à l'analyse morphologique et démographique des espaces bâtis, il devient possible de faire émerger une réflexion sur la distribution des commerces et leurs formes d'organisation mais aussi les formes d'implantation des commerces au sein des espaces bâtis (concentrations, multipolarisation, agencement,...). Ce travail apporte aux acteurs locaux un nouvel éclairage sur l'aménagement de leur territoire et offre à réfléchir sur les problématiques de desserte et d'accessibilité.

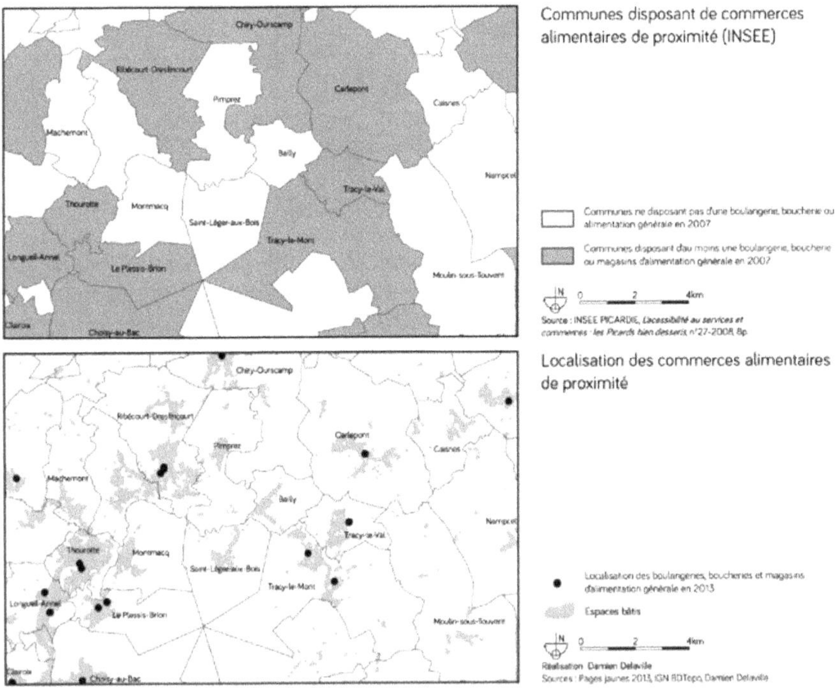

Figure 4 : distribution des commerces : une analyse, quelle échelle d'analyse ?

Les méthodes et résultats présentés ici sont issus de mes travaux de thèse en cours et des recherches menées dans le cadre de l'ANR FRUGAL[1]. Ils s'appuient sur une analyse systémique de la distribution des commerces et

[1] Recherche ANR « FRUGAL, Les figures rurales de l'urbain généralisé », Géographie-Cités, AUSSER, MRTE, Eco-AE, Brès+Mariolle, 2012-16

des espaces habités menée à une échelle infra-communale sur la base d'un travail statistique et cartographique.

Dans une démarche exploratoire, nous utilisons les annuaires des Pages jaunes comme bases de données. Pour les commerces et services de proximité, ils demeurent une base sûre offrant un portrait complet du territoire à un instant « T ». Les annuaires disposent d'un niveau d'information géographique plus fin que la Base permanente des équipements (BPE) de l'INSEE permettant de procéder au repérage cartographique de l'adresse des commerces. Un échantillon de commerces, principalement alimentaires[1] a été sélectionné afin de dresser un portrait des territoires. Chaque commerce a été géoréférencé sur SIG à partir de son adresse. À partir de cette base de données spatialisée, les points de localisation des commerces ont été agrégés en fonction de leurs proximités géographiques. Cette cartographie permet de mettre en évidence les concentrations commerciales.

Les lieux caractérisés par la présence de commerces sont appelés « noyaux commerciaux » ou « pôles de commerces » (Beaujeu-Garnier, 1977, Metton, 1980, Delage, 2012). La spatialisation de ces pôles de commerces et l'analyse de leur composition et de leur morphologie permet de mettre en avant des formes d'organisation du commerce (commerce isolé, rue commerçante, place, centre commercial...) et leur insertion dans les espaces bâtis (zone d'activité, espaces bâtis, bord de route...).

Afin de les définir, une distance maximale de 100 mètres entre deux commerces a été retenue. Ce seuil permet d'agréger des commerces proches les uns des autres et de mettre en avant les concentrations commerciales. De plus, comme nous avons pu le constater, la présence de commerces alimentaires au sein d'un pôle, ainsi défini, est souvent révélatrice de la « co-présence » d'autres commerces ou services non-alimentaires : coiffeur, médecin généraliste, école... (Motte, 2006).

Les pôles de commerces sont différenciés d'un côté en fonction du nombre et du type de commerces qui les composent, de l'étendue de la gamme de produits qu'ils proposent. De l'autre, par rapport à leur importance dans l'approvisionnement et dans les besoins de proximité des ménages (Motte, 2006, David, 2012).

[1] Les commerces que nous avons répertoriés sont les suivants :
- commerces alimentaires : boulangerie, boucherie/charcuterie, alimentation générale, épicerie, superette, café-bar-tabac, supermarché et hypermarché ;
- commerces et services non-alimentaires : bureau de poste, banque, pharmacie, opticien, magasin de vêtements, magasins de chaussure, coiffeur.

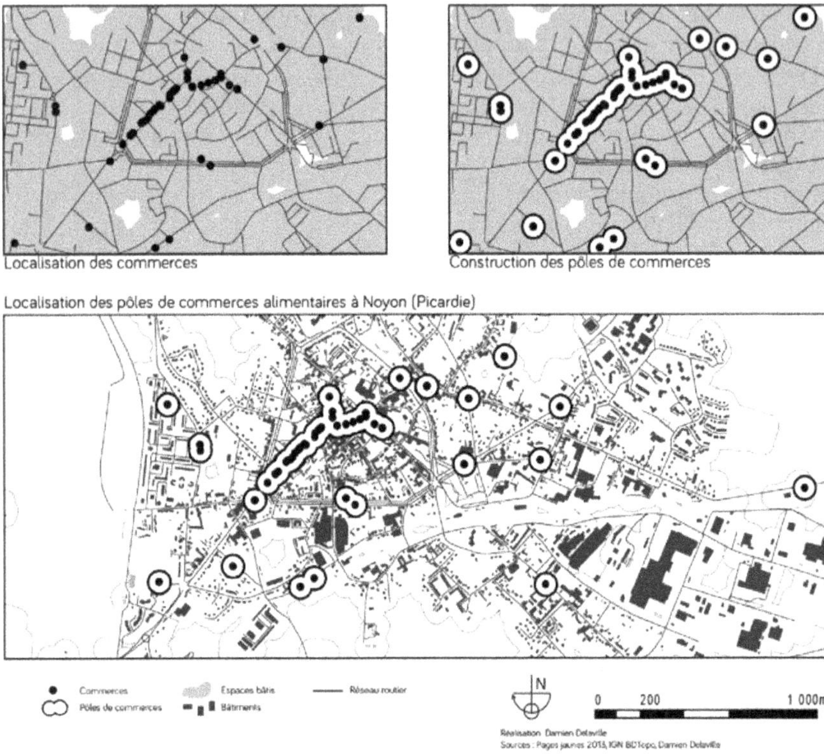

Figure 5 : Localisation des commerces et construction des pôles de commerces

Nous définissons trois types de pôles de commerces :

- Les *pôles de commerces relais* correspondent à la présence d'un commerce alimentaire « isolé » pouvant faire office de relais multi-services et répondant à une valeur symbolique, ainsi qu'à un besoin de lien social fort pour les habitants. Il s'agit de l'offre de base minimum nécessaire à l'approvisionnement quotidien des ménages dont l'isolement peut poser des problèmes de maintien de leur approvisionnement (Coutard et al. 2002).

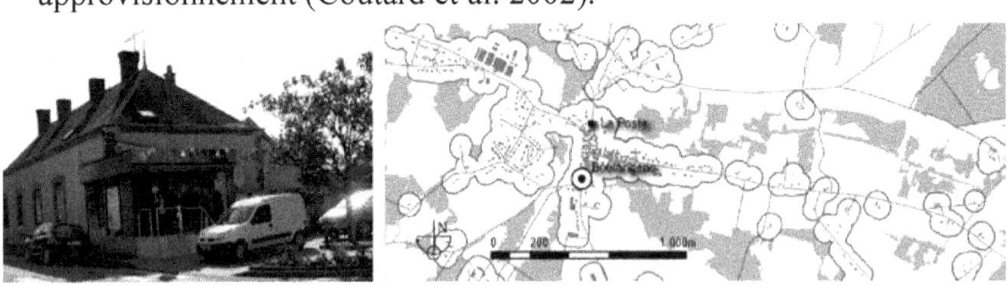

Figure 6 : pôle relais

- Les pôles de commerces de proximité proposent des gammes de produits plus variées et répondant à des besoins plus importants de la part des habitants. Ils sont déterminés par la présence d'une supérette et d'au moins un autre commerce alimentaire quotidien.

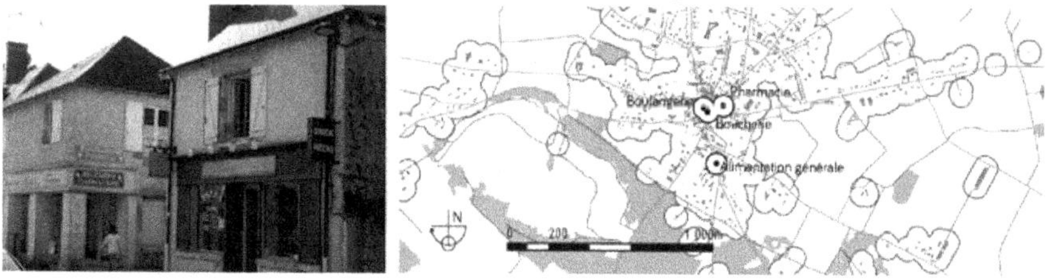

Figure 7 : pôle de proximité

- Les *pôles de commerces intermédiaires* correspondent à des lieux majeurs dans l'approvisionnement des ménages et dans leurs pratiques de fréquentation. Ils sont définis par la présence d'un bouquet de commerces alimentaires et spécialisés offrant une gamme de produits variés ou d'une grande surface compte tenu de son importance. Cette catégorie fait ressortir les places et les rues commerçantes, les grandes surfaces et leur galerie commerciale et permet de rendre compte d'un large éventail de commerces.

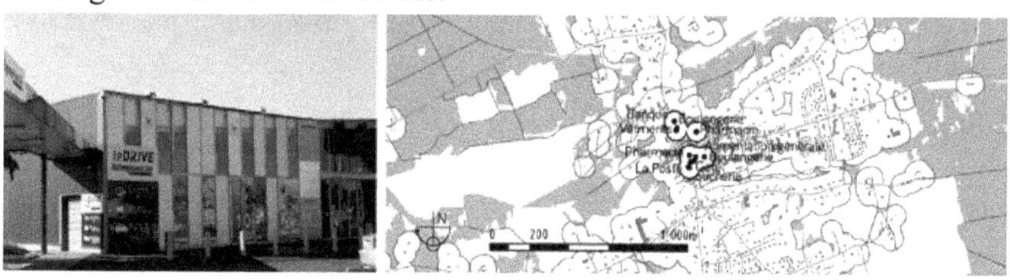

Figure 8 : pôle intermédiaire

Distribution des commerces

Dans les espaces périurbains français, où le maillage communal résulte du regroupement d'espaces bâtis fragmentés, observer l'organisation de certains commerces n'est pas totalement satisfaisant. La formalisation des différents modes d'organisation du commerce confirment l'intérêt d'utiliser des données géolocalisées permettant de faire émerger les particularités locales et de dépasser les diagnostics opérés à l'échelle communale. Elles permettent d'opérer la lecture de la répartition des commerces sur le territoire et de configurations variées. Elles posent la question des liens entre trame urbaine et hiérarchisation des pôles de commerces. Les premiers résultats issus de cette démarche et présentés à la suite sont riches en enseignements.

L'analyse des pôles de commerces prend tout son sens lorsque celle-ci est croisée à la répartition des espaces bâtis et des lieux de vie. Elle permet ainsi de rendre compte de manière conjointe de la dissémination et de la concentration des commerces au sein des espaces bâtis : d'un côté de la distribution sur le territoire et des caractéristiques des espaces où sont implantés les pôles de commerces (zone commerciale dissociée, espace urbanisé et sa taille) ; de l'autre, à l'échelle infra-communale, l'analyse des pôles de commerces renseigne sur leur nombre et leur organisation au sein d'un même lieu de vie.

Ainsi, dans les deux terrains d'étude, on recense respectivement 132 et 195 pôles de commerces en Picardie et en Région Centre. Le maillage en commerces alimentaires est plus dense en Picardie. La distance moyenne séparant deux lieux disposant de ceux-ci est de 6 km en Picardie contre 7 km en Région Centre.

En superposant la distribution des pôles de commerces à la carte des aires urbaines de l'INSEE, on observe que ces derniers ne sont pas exclusivement localisés dans les pôles. Au contraire, on remarque une certaine isotropie dans leur distribution, « il y a de tout partout ». Les pôles de commerces demeurent aussi bien dans les territoires dits isolés que dans les franges des grandes villes.

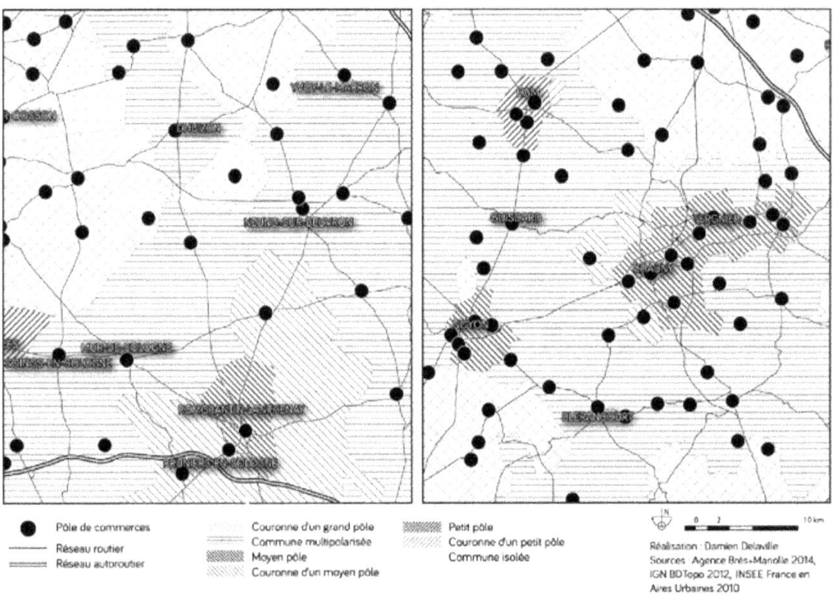

Figure 9 : localisation des pôles de commerces et découpages en aires urbaines (INSEE)

On constate dès lors que l'offre de commerces alimentaires se concentre principalement dans le haut de l'armature territoriale (bourgs et villes).

Le village comme unité agglomérée semble définir le seuil minimal déterminant l'implantation de commerces alimentaires. Ainsi, en dessous de l'échelle du village, la part des hameaux et lieux-dits disposant de commerces alimentaires sur place est quasiment nulle.

À population équivalente, la part des espaces bâtis disposant de commerces alimentaires est plus importante en Région Centre qu'en Picardie. Il se situe dans un rapport de 1 à 2 (21% des villages et 92% des bourgs du terrain situé en Région Centre en bénéficient, contre seulement 9% et 63% en Picardie).

Dans les deux terrains d'étude, toutes les villes disposent de commerces alimentaires.

	Centre	Picardie
Groupement de maisons isolées	0 %	0%
Hameau	0%	0%
Village	21%	9%
Bourg	92%	63%
Ville	100%	100%

Tableau 2 : part des espaces agglomérés disposant de pôles de commerces

Organisation de l'offre commerciale et trame urbaine

Le croisement du niveau de l'offre proposé au sein des pôles de commerces à la taille des espaces bâtis permet de développer une vision plus fine de l'organisation de l'offre commerciale.

Tout d'abord, les pôles de commerces présents dans les deux terrains d'étude se différencient en nombre et en taille. En Picardie, on en dénombre 30% de pôles de commerces de plus qu'en Région Centre (195 contre 132).

Leur taille varie également entre les deux régions. Aussi, en Région Centre, ils sont répartis équitablement au sein des trois classes : 59 *relais*, 34 *de proximité* et 39 *intermédiaires*, alors qu'en Picardie, près des deux tiers des pôles de commerces (132 sur 195) sont des pôles *relais* et on observe une absence de pôles de *proximités* (9 recensés).

Dans tous les cas, les pôles relais et de proximité sont principalement implantés dans des bourgs. L'offre commerciale disponible en un lieu est globalement proportionnelle au nombre d'habitants : plus la population est importante, plus l'offre commerciale est diversifiée.

Ensuite, en Picardie comme en Région Centre, 90% des villages disposant de commerces alimentaires sont structurés autour d'un seul pôle relais.

Parmi les commerces étudiés, la boulangerie est celui le plus représenté au sein de ces pôles (plus de 50%), suivi par les superettes. La présence de superettes dans ces espaces périurbains est révélatrice de l'intérêt croissant porté par les groupes de la grande distribution (Carrefour, Casino, Système U) pour ces territoires.

	Centre	Picardie
Villages disposant de pôles de commerces	**21%**	**9%**
dont pôles relais	93%	90%
dont pôles de proximité	7%	5%
dont pôles intermédiaires	0%	5%

Tableau 3 : comparaison de l'offre commerciale disponible dans les villages disposant de commerces alimentaires

Par ailleurs, des différences significatives sont observées dans l'offre commerciale disponible dans les bourgs. Elle est plus faible en Picardie où 77% des bourgs ne disposent que d'un commerce alimentaire (*pôles relais)* contre 18% de Région Centre.

Au contraire, en Région Centre les bourgs sont principalement constitués de *pôles de proximité (*76% contre 5% en Picardie). Les pôles de proximité des bourgs en Région Centre sont essentiellement composés d'une boulangerie et d'une supérette.

L'offre commerciale des bourgs picards est donc équivalente à celle des villages, tandis qu'il y a une montée de gamme entre villages et bourgs en Région Centre.

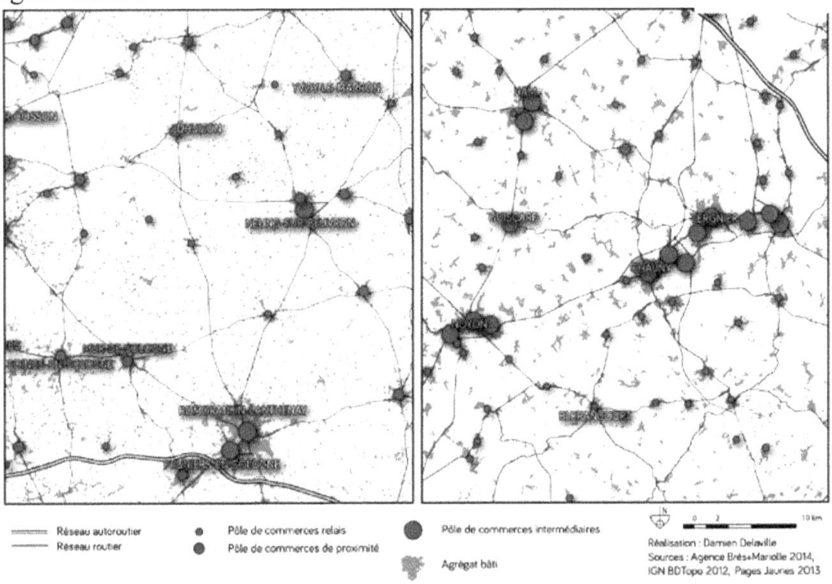

Figure 10 : localisation des pôles de commerces en fonction de leur taille

Malgré une plus forte dispersion des espaces urbanisés et un nombre de bourgs moins importants, l'accès aux bourgs disposant de pôles de commerces de proximité est plus aisé en Région Centre qu'en Picardie. En Région Centre, chaque hameau, bourg ou village se trouve en moyenne à 4,5 km d'un pôle de proximité contre un peu plus de 6 km en Picardie.

	Centre	Picardie
Bourgs disposant de pôles de commerces	**92%**	**63%**
dont pôles relais	18%	77%
dont pôles de proximité	76%	5%
dont pôles intermédiaires	6%	18%

Tableau 4 : comparaison de l'offre commerciale disponible dans les bourgs disposant de commerces alimentaires

Enfin, les pôles intermédiaires constituent l'offre commerciale des villes. Chaque ville dispose au moins d'un pôle intermédiaire matérialisé par la présence d'une grande surface ou d'une rue commerçante proposant une large gamme de biens.

Contrairement aux bourgs et aux villages qui ne disposent en général, au mieux, que d'une polarité commerciale, les villes en comptent plusieurs. Ainsi, chaque ville, est constituée par plusieurs pôles relais, d'un ou de plusieurs pôles de proximités et d'un ou plusieurs pôles intermédiaires permettant de répondre à des besoins de proximités multiples à une échelle intra-urbaine. On constate que le maillage des pôles intermédiaires est plus resserré en Picardie (où il faut parcourir en moyenne 6,5km pour y accéder) qu'en Région Centre (où cette distance est de 7,5km).

Chacune des villes des terrains d'étude dispose d'au moins un supermarché (une ville dispose de deux supermarchés, trois pour celles de plus de 10 000 habitants). En plus de l'offre de grande distribution, environ 50% des villes dispose également d'une rue commerçante offrant une large variété de commerces et de services. Il s'agit principalement des villes les plus importantes de nos terrains d'étude.

Conclusion

Ce travail repositionne les réflexions portant sur les espaces périurbains, leur structuration et leur composition. Le changement d'échelle et de point de vue adopté dans cette étude permet de faire émerger les espaces périurbains dans leur plus simple composition. En les analysant à une échelle infra-communale et, en les observant à travers ce qu'ils ont de plus fin à proposer aux populations locales, mais également de plus structurant, c'est-à-dire les commerces alimentaires, cela fait émerger une vision renouvelée de ces espaces.

En s'extrayant des approches classiques et en changeant de focale, nous nuançons alors les visions communément portées sur ces espaces qui les présentent comme des espaces dormants et dépendant des unités urbaines. Dans les espaces périurbains étudiés, l'observation de la distribution et de la structure des commerces alimentaires met en avant une richesse de l'offre proposée révélatrice d'un dynamisme existant. Il y a des commerces partout aussi bien dans les territoires dits isolés que dans les franges des grandes villes (INSEE, 2001). Dans ces conditions, la diversité des configurations territoriales des espaces périurbains et la dispersion des espaces bâtis n'apparait pas comme une contrainte dans les pratiques de déplacements pour accéder aux commerces dans le sens où il y a de « tout partout ».

En prenant comme point de vue les espaces bâtis, c'est-à-dire les lieux de vie des habitants, nous avons pu mettre en avant une proximité importante aux commerces. Dans les terrains étudiés, qu'il s'agisse d'un village, d'un hameau, d'un bourg ou encore d'une ville, on observe que chaque habitant se trouve en moyenne à environ deux kilomètres d'une supérette ou d'un commerce alimentaire. Ainsi à partir de ces premiers résultats, nous pouvons d'ores et déjà poser l'hypothèse que dans les prochaines années le renforcement de pratiques locales et le développement de nouvelles formes de commerces concourront à diversifier davantage l'usage des mobilités et la distribution des commerces dans les territoires.

Dès-lors, la proximité entre lieux d'habitation et pôles de commerces que nous avons souligné ici constitue un avantage indéniable pour les espaces périurbains. La préservation de cette trame et la conservation des lieux de commerces relais des territoires est un enjeu social et économique majeur pour ces espaces.

Bibliographie

BARATTUCCI C., 2006, *Urbanisations dispersées: interprétations-actions, France et Italie, 1950-2000*, Rennes, Presses universitaires de Rennes (Espace et territoires), 317 p.

BEAUJEU-GARNIER J., DELOBEZ A., 1977, *La Géographie du commerce*, Paris New York Barcelone, Masson, 282 p.

BERGER M., 2004, *Les périurbains de Paris: de la ville dense à la métropole éclatée?*, Paris, CNRS Editions, 317 p.

BERGER M., ARAGAU C., ROUGÉ L., 2014, « Vers une maturité des territoires périurbains ? », *EchoGéo*, 27.

BRÈS A., 2013, *Les figures discrètes de l'urbain généralisé: à la rencontre des réseaux et des territoires*, Habilitation à diriger des recherches, Paris, Paris I Panthéon-Sorbonne, 142 p.

BRÈS A., DELAVILLE D., *La dissémination du bâti au filtre du substrat rural : Quelles évolutions des espaces d'urbanisation dispersée depuis 1960 ?*, Colloque ruralités soutenables, 14 novembre 2014, Rouen, Ecole Nationale Supérieure d'Architecture de Normandie, à paraitre.

BRÈS A., MARIOLLE B., DELAVILLE D., 2011, « Les figures d'une éco-mobilité périurbaine entre intermodalité obligée et densité dispersée. Le Carré Picard au filtre de l'accessibilité durable », Rapport de présentation, Paris, PUCA.

COUTARD O., DUPUY G., FOL S., 2002, « La pauvreté périurbaine: dépendance locale ou dépendance automobile », *Espaces et Sociétés*, 108-109, p. 155-176.

DAVID O., 2012, « La proximité revendiquée et désirée: les apports d'une enquête lancée par des élus locaux », *Géographie, économie, société*, janvier 2012, p. 5-29.

DELAGE M., 2012, *Mobilités pour achats et centralités métropolitaines. Le cas de la métropole parisienne*, Thèse de doctorat, Université Paris 1 Panthéon-Sorbonne, 300 p.

DUGOT P., POUZENC M., 2010, *Territoires du commerce et développement durable*, Paris, l'Harmattan (Itinéraires géographiques), 241 p.

EYMARD I., SÉGUIN S., 2000, « Les lieux d'achats alimentaires des urbains et des périurbains », dans *Données urbaines, 3*, Paris, Anthropos diff. Economica (Villes), p. 361.

GRISON J.B., 2014, « L'équipement des espaces ruraux face à l'émiettement communal: quelle réponse des découpages intercommunaux? », *Norois. Environnement, aménagement, société*, 230, p. 41-56.

INSEE, 2001, « Équipement commercial des communes françaises », *Synthèse*, 52.

METTON A., 1980, *Le Commerce et la ville en banlieue parisienne: petits commerces, marchés, grandes surfaces et centres commerciaux*, Courbevoie, 567 p.

MOTTE-BAUMVOL B., 2006, *La dépendance automobile pour l'accès aux services aux ménages en grande couronne francilienne*, Thèse de doctorat, Université Panthéon-Sorbonne - Paris I.

POUZENC M., 1998, *Grande distribution alimentaire et recomposition des territoires. Étude de stratégies d'acteurs dans des zones rurales de Midi-Pyrénées.*, Thèse de doctorat, 596 p.

PRATS Y., 2000, « Commune », *Dictionnaire de l'urbanisme et de l'aménagement*, p. 185-188.

RICHARD F., CHEVALLIER M., DELLIER J., LAGARDE V., 2014, « Circuits courts agroalimentaires de proximité en Limousin : performance économique et

processus de gentrification rurale », *Norois. Environnement, aménagement, société*, 230, p. 21-39.
VANT A., 1998, « Proximités et géographies », dans Bellet M., Kirat T., Largeron C. (dirs.), *Approches multiformes de la proximité*, Paris, Hermès (Interdisciplinarité et nouveaux outils).

VERS UNE POLARISATION ALIMENTAIRE ? L'EXEMPLE DES FRANGES OUEST DE L'AIRE URBAINE DE PARIS

Julien Essers

S'intéresser aux théories de la polarisation, c'est comprendre les mécanismes à l'œuvre, qu'il s'agisse de rapports économiques, spatiaux ou sociétaux dans la structuration des territoires. Ces théories de la polarisation ont fait l'objet de nombreux questionnements, notamment dans des termes spatio-économiques dont les processus de « densification » des activités économiques, au travers notamment de la concentration, de la centralisation de capital, ont offert quelques éléments de réponse afin de caractériser plus finement les processus spatiaux à l'œuvre (Carluer 2004).

Dans ce rapport particulier des théories de la polarisation, les services économiques jouent un rôle prépondérant et, notamment, la distribution alimentaire qui constitue un élément central dans la vie quotidienne des ménages, cette distribution impliquant une mobilité certaine (dans un rapport marchand) vers le lieu d'achat, aussi varié soit-il (Monnet 2007).

La couronne périurbaine de l'ouest de Paris constitue, à cet égard, un territoire d'études intéressant puisqu'elle combine à la fois l'ancienneté (les premières vagues de périurbanisation datent de la fin des années 1960) (Berger 2002) et les projets politiques innovants venant réinterroger la place de ce périurbain particulier dans la constitution des bassins de vie (Aragau 2014). Les franges externes de ce périurbain demeurent, cependant, moins anciennes et restent encore marquées par le desserrement résidentiel caractéristique des années 1970-1980 et par une industrialisation ancienne (dès la fin du XVIIIe siècle) constituée autour de l'Eure et de sa navigabilité. (Davodeau, Donadieu et Fleury 2009).

Dans ce contexte particulier, l'approvisionnement alimentaire et les dynamiques de mobilités liées au sein des franges externes de l'aire urbaine de Paris peuvent être réinterrogées au regard de la constitution de pôles alimentaires locaux. Dans quelle mesure les usages et les pratiques de mobilités destinées à l'approvisionnement alimentaire des ménages pourraient définir une dynamique de polarisation effective de certaines communes périurbaines ?

Les principales hypothèses apportées supposent la concentration des flux de déplacement liés à l'approvisionnement alimentaire au sein des communes périurbaines possédant une densité de commerces plus élevée. La constitution d'un périurbain plus élaboré, marqué par une certaine autonomie vis à vis des pôles urbains périphériques qui assuraient jusque-là la desserte alimentaire des ménages ainsi que celle de l'ensemble des biens de consommation pourrait marquer une nouvelle phase dans la périurbanisation de l'ouest francilien. Nous rejoignons par là même les idées de Lionel Rougé au sujet de la constitution d'une véritable « épaisseur » périurbaine, à la fois dans les usages, les perceptions, les regards portés sur le périurbain et les différentes unités économiques qui le constituent[1] (Rougé, Jaillet, et Laborie 2005).

La multiplicité de l'offre de distribution alimentaire en périurbain : une réalité complexe à saisir.

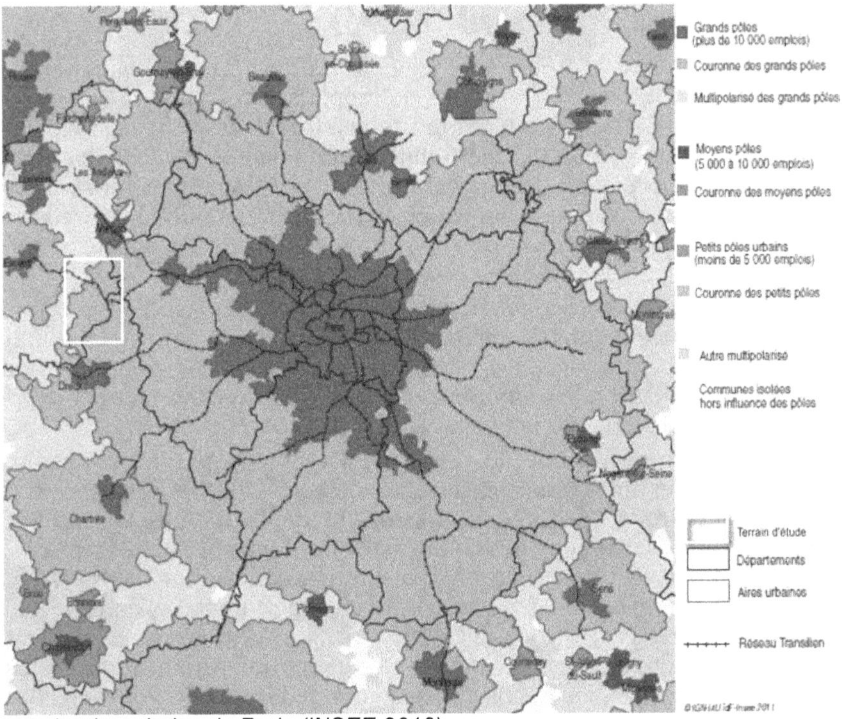

Figure 1 : aire urbaine de Paris (INSEE 2010)

Le périurbain[2] ouest de l'aire urbaine de Paris[3] se caractérise par une offre diversifiée en termes de commerces alimentaires. Sont recensés pas moins

[1] Ces hypothèses ont été testées à la suite d'entretiens semi-directifs entrepris au sein de communes périurbaines de la vallée d'Eure portant sur treize ménages. Ces entretiens constituaient une phase importante d'exploration des usages de la mobilité sur le territoire et du rapport à l'alimentation pour les ménages. Ils ont été réalisés dans plusieurs communes situées au sein de la vallée d'Eure moyenne aux franges externes de l'aire urbaine de Paris.

[2] Selon l'INSEE, « la couronne périurbaine recouvre l'ensemble des communes de l'aire urbaine à l'exclusion de son pôle urbain. Ce sont des communes ou unités urbaines, dont au moins 40% des actifs résidents travaillent dans le pôle ou dans les communes attirées par celui-ci ».

[3] Selon l'INSEE, « une aire urbaine ou « grande aire urbaine » est un ensemble de communes, d'un seul tenant et sans enclave, constitué par un pôle urbain (unité urbaine) de plus de 10 000 emplois et par des communes rurales ou unités urbaines (couronne périurbaine) dont au moins

de 64 supermarchés, 3 hypermarchés, 18 supérettes et 62 commerces d'alimentation générale (épiceries) pour un territoire qui dépasse 6 540 km² et comprend environ 88 hab/km². Ce degré de l'offre peut paraître déficiente au regard de la population de ce périurbain qui concentre plus de 579 000 habitants. Cependant, il existe une offre de distribution alimentaire périphérique (celle située au sein des pôles urbains de Paris, Dreux, Évreux, Vernon et Chartres) qui complète l'offre de distribution alimentaire intra-périurbaine.

De manière plus générale, ce périurbain reste marqué par une densité commerciale élevée, en particulier pour les commerces dits de « proximité » tels que les boulangeries et les boucheries. Toutefois, ce type de commerce ne propose pas l'ensemble de la gamme alimentaire (épicerie salée et sucrée, crèmerie, légumes et fruits...) d'où la difficile comparaison avec le reste de l'offre de distribution qui propose en revanche une gamme plus étoffée au sein d'un seul point de vente.

Les supermarchés et les commerces d'alimentation générale (épiceries) demeurent les plus répandus au sein de ce périurbain avec une densité moyenne (en nombre de lieux par hectare) supérieure (x1,5) au reste de l'offre de distribution.

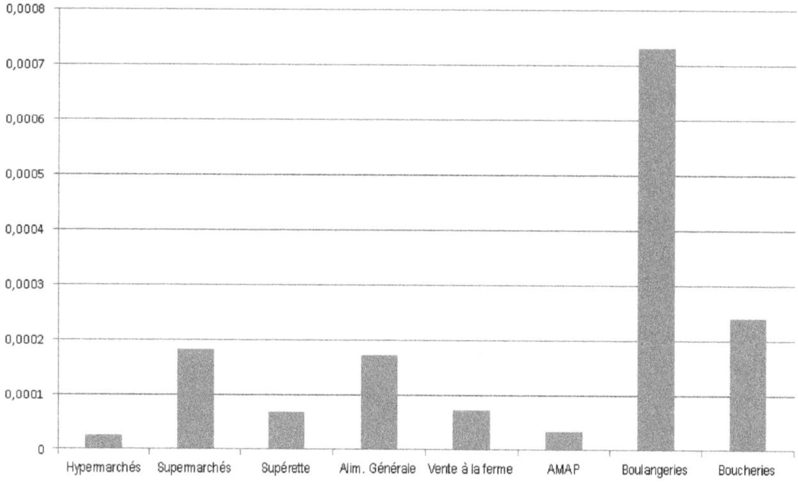

Figure 2 : Densité moyenne des lieux de distribution alimentaire (en nombre de lieux/ha) - Source : BPE, INSEE 2010

40% de la population résidente ayant un emploi travaille dans le pôle ou dans des communes attirées par celui-ci ».

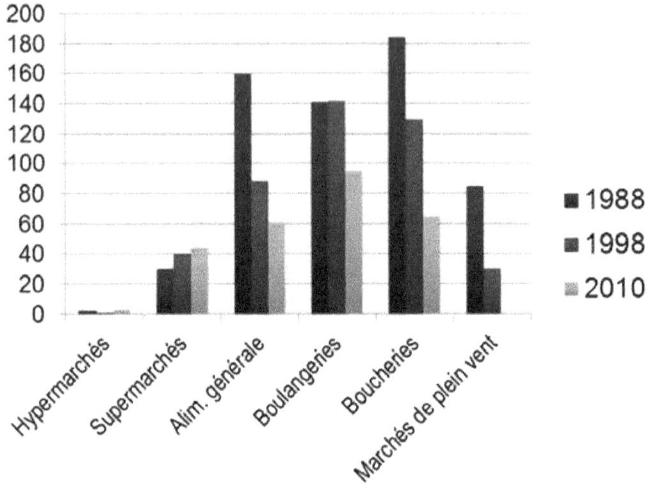

Figure 3 : Nombre de lieux de distribution alimentaire au sein du périurbain de l'ouest francilien en 1988, 1998 et 2010 (Source: INSEE, BPE 2010, Inventaires communaux 1988 et 1998...)

En termes d'évolution, la densité commerciale démontre une baisse tendancielle de l'offre de distribution alimentaire sur les deux dernières décennies (1988 à 2010), en particulier les petits commerces (boucheries, boulangeries, alimentations générales...) au contraire de la grande distribution qui voit le nombre de points de vente continuer de croître en 2010 (+30% pour les supermarchés entre 1998 et 2010). Cela rejoint les observations au niveau national qui sont conjointes d'une baisse moyenne du nombre de déplacements hebdomadaires des ménages alliés à une concentration de l'offre (grandes surfaces notamment) au cours des années 1980-1990 (Moati et al. 1998).

Comme dans la plupart des pays du nord, l'industrialisation de la distribution alimentaire s'est réalisée par une implantation spatiale périphérique des commerces dits de « grande distribution », privilégiant les axes de transports rapides et l'accès automobile (Desse 2001; Péron 1998; Gasnier).

Le renforcement de la grande distribution s'est réalisé par tâches successives autour des communes de la vallée d'Eure, engendrant aujourd'hui une concurrence accrue pour les meilleurs emplacements possibles et une désaffection des plus anciennes zones commerciales au profit de nouveaux hypermarchés à l'offre plus abondante et diversifiée, en témoigne notamment les conflits observés dès 2009 sur l'ouverture d'un hypermarché à Anet[1].

[1] Intermarché contre Leclerc, Paris-Normandie du 19/02/2009.

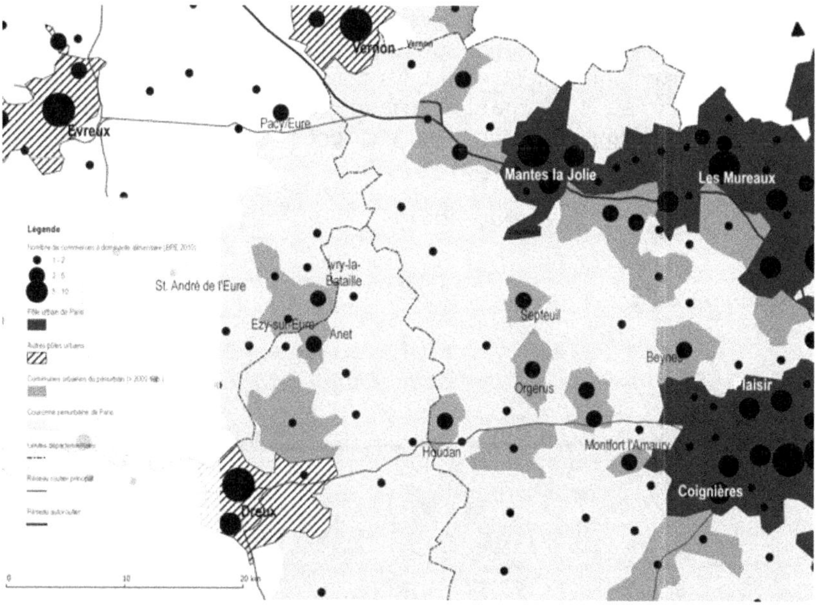

Figure 4 : Commerces alimentaires au sein du périurbain de l'ouest francilien (BPE, INSEE, IGN Geofla, 2010)

Cependant, si l'empreinte de la grande distribution peut être justement mesurée, c'est qu'elle est avant tout l'objet principal des statistiques renseignées au sein de la BPE. Il apparaît toutefois que de nombreux lieux de distribution alimentaires ne sont pas renseignés. C'est le cas, notamment des commerces ambulants et des marchés de « plein vent » qui demeurent largement oubliés de la BPE, bien que présents au sein des inventaires communaux de 1988 et 1998. Les autres formes de distribution, telles que la vente directe à la ferme ou la distribution de paniers restent absents des statistiques de l'INSEE. De manière générale, toute forme d'approvisionnement alimentaire non marchande n'est pas comptabilisée (puisque non monétaire et du ressort des choix de l'individu)[1].

Une qualification exhaustive de la densité de lieux de distribution alimentaire a été réalisée dans le cadre de l'étude, à partir de données issues de réseaux de commercialisation (AMAP, Réseau Bienvenue à la Ferme), elle permet de démontrer que la densité de la grande distribution reste très nettement majoritaire au reste des distributions observées (ferme et AMAP) au sein de l'ouest francilien. Toutefois, cette offre évolue de manière inverse à la densité de la grande distribution (avec l'éloignement progressif du pôle urbain de Paris) et semble même montrer une certaine résistance dans les espaces les plus éloignés du pôle urbain.

La grande distribution, quant à elle, voit, son offre requalifiée et diversifiée même s'il ne s'agit pas d'une recréation pure. L'arrivée des *drive-*

[1] L'autoproduction, l'autoconsommation, le vol, l'échange et/ou la récupération d'aliments restent ainsi peu étudiés, de même que le don et les services d'aides alimentaires qui demeurent difficiles à approcher et à quantifier plus exactement.

in alimentaires offre de nouvelles opportunités pour la grande distribution, renouvelant ainsi l'offre présente sur le territoire et de nouveaux modes de pratiques d'approvisionnement. Enfin, les nouvelles modalités de distribution (AMAP, ventes à la ferme) restent peu présentes sur ces franges franciliennes et demeurent, au vue des entretiens effectués, largement minoritaires en termes de visibilité.

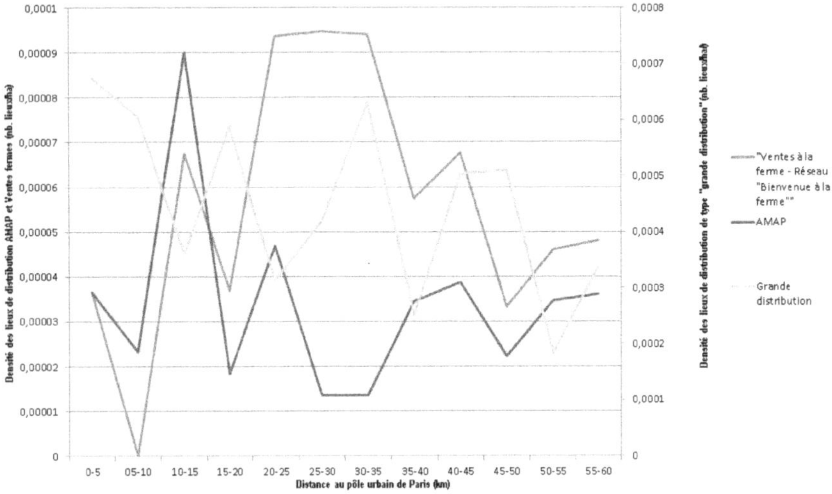

Figure 5 - Densité des lieux de distribution alimentaire à l'ouest du pôle urbain de Paris (gradient de distance au pôle urbain de Paris) - Source : BPE, INSEE, 2010

La difficulté d'appréhender convenablement la diversité de l'offre de distribution au sein du périurbain de l'ouest francilien ne doit pas faire oublier que la structuration spatiale de cette offre demeure un sujet d'étude à part entière. Elle vient questionner la nature de l'espace et l'émergence de pôles structurants autour de l'offre de distribution alimentaire (ou *unités alimentaires*).

La distribution alimentaire à l'épreuve des dynamiques de polarisation

Les lieux de distribution alimentaire constituent des éléments géographiques répartis au sein de l'espace, comme toute donnée économique localisée. Dans la définition apportée par Boudeville (1972) sur la région polarisée, celle-ci s'opposerait « à l'espace parce qu'elle se compose d'élément géographiques nécessairement contigus ».(Boudeville 1972). Ainsi, « la région polarisée ne se fonde pas sur la description d'une ou plusieurs caractéristiques, mais sur les *relations* existantes entre les diverses unités considérées ». Ces relations peuvent être d'ordre communicationnel, commercial, ou bien informationnel. Plus généralement, Boudeville, observe un caractère de *complémentarité* qu'entretiennent toutes les parties d'un espace avec un *pôle dominant* et ce, en qualifiant la quantité des échanges entre ce pôle et son espace périphérique (nécessairement supérieurs aux échanges avec les autres pôles). L'approche de la région polarisée demeure cependant largement déterminée par les *relations interindustrielles* dont les présupposés (homogénéisation de l'espace...) s'avèrent peu adaptables à la réalité géographique des lieux. D'où l'approche par l'espace polarisé qui emprunte davantage à la géographie. Boudeville remarque également que « *les phénomènes de polarisation peuvent s'observer pour tous les phénomènes sociaux dès qu'on les considère sous l'aspect du flux d'information* », ce à quoi il ajoute qu'ils sous entendent deux éléments : « l'interdépendance et la hiérarchie ».

Deux types de polarisations sont en réalité observables selon les temporalités et l'histoire. Une polarisation de type continue tout d'abord, ancrée territorialement dans un espace physique adjacent (les échanges et les flux restent ancrés dans la réalité du lieu) et une polarisation discontinue, qui se rapporte de la mondialisation des échanges et de l'explosion des communications dès les années 1970-1980 où le « *réseau précède le territoire en le constituant, le transport facilitant la venue de marchandises en permettant leur diffusion, lesquelles peuvent s'accommoder de rupture géographique* » (Carluer 2004; Husson 1996).

Cela fait dire à certains auteurs que « les réalités productives, monétaires et financières surdéterminent les réalités sociales, culturelles, environnementales et locales (Carluer 2004) ». La distribution alimentaire serait, dans ce contexte, déterminée, par les réalités productives et économiques, même si les contextes varient selon la nature de l'offre de distribution. Se posent néanmoins les questions de la place à donner à l'approvisionnement alimentaire domestique dans un contexte de polarisation « discontinue » vis à vis des unités économiques mondialisées dont la grande distribution en est la représentation.

Ainsi, l'implantation spatiale de la distribution alimentaire répond à une empreinte spatiale, à la constitution d'*unités économiques territorialisées* engendrant des flux dirigés vers ces unités (flux de marchandises, d'usagers/consommateurs). Là où l'autoproduction alimentaire n'alimente pas nécessairement la constitution de flux puisque du ressort de la communauté (individuelle ou autonome), la distribution alimentaire organisée reste tributaire de la constitution de flux d'échanges de marchandises. Dans ce contexte, l'espace polarisé relèverait de l'interdépendance des flux et de leur hiérarchisation (quantitative) entre unités économiques (nous ne nous intéressons pas ici à l'approvisionnement alimentaire des points de vente).

Toutefois, cette définition ne peut satisfaire les objectifs de la caractérisation de pôles alimentaires locaux, qui ne sont pas seulement quantifiables à travers les flux d'échanges (tels qu'on pourrait les retrouver au sein de la constitution des zones de chalandise, présentant à la fois la mobilité intrinsèque et la part du chiffre d'affaires du point de vente considéré). L'approvisionnement alimentaire revêt, en effet, un rapport d'échange, de flux qui n'est pas directement mesurable, qui se révèle plutôt du ressort de l'individu et de sa capacité à faire usage de ses moyens de déplacements pour entamer des parcours « de mobilité » qui pourraient s'avérer non-rationnels et largement déterminés par des motivations intra et extra-individuelles, dépassant le cadre contraint de l'aspect purement spatial (la proximité spatiale du lieu de distribution, par exemple) pour s'engager dans une construction personnelle du rapport à l'alimentation et au-delà, de son territoire. L'échange ainsi formulé ne semble pas répondre aux définitions quantifiables de la polarisation vue sous l'angle de la géographie économique. S'agit-il encore de polarisation pour autant ? Le cas des franges périurbaines de Paris viennent apporter quelques éléments de réponse à ce sujet.

De l'émergence de la polarisation alimentaire ?

Anciennement, la vallée d'Eure restait marquée par un approvisionnement alimentaire diffus, les lieux de distribution étant partagés entre l'épicerie du village/du bourg, les fermes environnantes qui fournissaient œufs, viande et produits laitiers, sans compter la grande part des ménages qui possédaient eux-mêmes leur propre jardin potager :

« Avant ça (mes parents) allaient chez le petit épicier et y avait des fermiers à l'époque. Donc, on allait chercher des fruits, tous les laitages, le beurre, le lait. C'était à la ferme, les œufs, c'était à la ferme, les volailles, c'était à la ferme. [...] Il y avait plusieurs fermes. À l'époque il n'y avait je ne sais pas [...] 6 à 7 fermes je crois. Il y avait des petits exploitants qui fournissaient les légumes et après chez l'épicier, on allait chercher le vin, le pain, il faisait dépôt de pain. C'était un boulanger qui faisait le dépôt. Ou alors il y avait LUNA, c'était un camion épicier qui s'arrêtait devant chaque maison et qui sonnait. [...] Il vendait de la boîte de sardines, des petits pois tout ça. Pour le poisson, on allait au poissonnier le dimanche au marché à Ézy. [...] Tous mes copains avaient tous un potager. Dans le lotissement, le premier lotissement, ils avaient tous un jardin derrière, tous un potager. Ils avaient tous leurs légumes. Nous, on avait des lapins, il (son père) avait acheté des clapiers tout ça [...] Détour (un voisin) nous donnait des carottes et des patates l'hiver. [...] » (Jean-Michel, 57 ans, ancien habitant de Saussay).

L'ouverture de ces grandes surfaces, essentiellement destinées à l'alimentation, ont radicalement modifié les pratiques antérieures des ménages de la vallée en concentrant leurs déplacements en un nombre de lieux limités, généralement l'hypermarché de Dreux (Mammouth) ou les supermarchés d'Ivry ou d'Anet dès la fin des années 1970. Cette mutation fût progressive bien que brutale (1970-1980) et engendra l'arrêt des fermes et la fermeture des épiceries de village[1].

« Après, ben ça a changé quand j'avais 10-12 ans. La première grande surface s'est ouverte à Dreux. Ça a fait le déclic ! À partir du moment que ça s'est ouvert, Dreux, tous les gens allaient une fois par mois à Dreux. Donc, les fermes, les petits exploitants, la mère Mathurine, la mère Pasquier tout ça, ils ont commencé à décliner sérieusement. [...] Il y a eu une période (de déclin) parce que les gens, ils savaient pas pourquoi acheter à la ferme ou acheter au supermarché. [...] De fil en aiguille, on a acheté de plus en plus

[1] Le premier supermarché d'Anet, fût ouvert en 1973 (route d'Oulins). Il possédait une galerie marchande (aujourd'hui désaffectée). En 1976, c'est à Ivry-la-Bataille qu'Intermarché arrive annonçant l'explosion de la grande distribution des années 1980. L'implantation de ces premiers supermarchés s'est réalisée à l'époque sur les espaces disponibles au plus près des centres urbains existants (supermarché d'Anet situé à 670 mètres du centre-bourg ; Ivry-la-bataille : 160 mètres) pour répondre à une motorisation faible des ménages au tournant des années 1970 (53% des ménages français possédaient une automobile en 1968.) (*Économie et statistique* 1969).

souvent en grande surface et après y en a eu partout, c'était le grand boom. Y avait les marques Intermarché, les marques Leclerc, les marques machin...[...] Le premier c'était Mammouth à Dreux.... Après il y a eu d'autres grandes surfaces, c'était pas des hyper, c'était des super qu'on n'arrivait pas à distinguer : « C'est quoi super ? ». En fait c'était la surface mais on ne le savait pas. Et puis y a eu Intermarché qui est arrivé après, à Ivry-la-Bataille après ça a été Pacy et ainsi de suite. Il y a eu d'autres marques qui sont arrivées derrière... Leclerc, je crois que c'était à Dreux. C'était à Vernouillet exactement. Après Mammouth a laissé la place à Continent. On achetait là-bas. Les fermes ont toutes fermé les unes derrière les autres. La méthode de vie a été très vite changée puisque dès qu'on a eu ça, tu voyais les grandeurs de potager réduire ! Ça rétrécit et puis à la fin : oh c'est la galère, je vais au magasin ! » (Jean-Michel, 57 ans, ancien habitant de Saussay).

Les grandes surfaces captent aujourd'hui plus de 80% de parts de marchés des produits alimentaires au sein du département de l'Eure (AID 2012). Cette concentration des flux de déplacements vers les points de vente de la grande distribution au détriment du reste de l'offre pourrait s'apparenter à un phénomène de polarisation progressive (par croissance des flux convergents) dès les années 1970. Pourtant, l'explosion du modèle alimentaire industriel en différents points de vente (pôles urbains de Dreux, Évreux, Mantes, communes de la vallée – Anet, Saussay, Ivry...) pourrait nuancer cette observation. Le maintien des marchés de plein vent, de certains petits commerces de centre-bourg ainsi que des ventes directes à la ferme (ferme de la Garenne à Oulins.) viennent relativiser ce caractère polarisant de la grande distribution au sein de la vallée.

Par conséquent, si la grande distribution reste le point de vente le plus fréquenté (100% des interrogés fréquentent la grande distribution régulièrement, c'est à dire plus d'une fois par mois), celle-ci s'est éclatée sur le territoire en diverses enseignes. De la supérette à l'hypermarché, la gamme offerte est très large (bien que dominée par la grande distribution). Le choix que peuvent effectuer les ménages en termes de distributeur est assez grand même si celui-ci reste orienté. Le domaine du choix possible est en réalité « illusion » puisque « les choix se font à l'intérieur du système et rien ne l'excède » (Ellul 1977). Néanmoins, les parcours de mobilité des ménages démontrent que l'usage réel des lieux de distribution varie dans le temps et dans l'espace. Se confrontent à la fois une mutation permanente de parcours de mobilité et de la fréquentation des lieux de distribution que l'on peut rapprocher de l'éclatement de lieux d'achats offerts par la grande distribution (ouverture de nouvelles enseignes, dont certains hypermarchés comme celui d'Anet en 2010 par exemple). Les ménages semblent comme « guidés » à la fois par la nouveauté renouvelée de la grande distribution mais aussi par les changements qui interviennent dans leur mode de vie (chômage, changements d'activités, de loisirs...).

Les entretiens démontrent une pluralité de parcours de mobilité qui vont de l'habitude à l'explosion des pratiques de fréquentation des lieux de distribution. Les actifs semblent pour autant privilégier l'usage des centres commerciaux situés près de leur lieu de travail (en particulier lorsqu'ils travaillent dans les pôles d'Évreux, de Dreux ou Mantes) plutôt que ceux de la vallée d'Eure. La proximité ne dessine pas l'usage effectif d'un distributeur donné et « l'ambulantage » reste une pratique courante. (Monnet 2007) Les zones de chalandise des différentes communes concernées (Ezy, Anet, Ivry, Evreux et Dreux) montrent un enchevêtrement des zonages, caractéristique de parcours différenciés se rapportant au « nomadisme ».

Il semble toutefois que celui-ci ne soit pas permanent, les ménages effectuant des « pauses » dans leurs parcours, se limitant pendant une période donnée à un type de distributeur donné et à des pratiques d'approvisionnement habituelles. Les entretiens permettent de relier ces mutations à l'ouverture de nouvelles enseignes ou aux changements intervenus dans la vie personnelle des individus (le changement de lieu d'emploi, l'arrivée d'un enfant sont des éléments cités).

Plus généralement, il apparaît difficile de rapprocher le comportement des ménages au rôle polarisant d'un lieu de distribution à proprement parler. Si certaines enseignes semblent davantage concentrer les déplacements alimentaires et non alimentaires (ex. hypermarché à Anet), cette construction demeure évolutive et non déterminée. C'est un peu comme s'il s'agissait d'un « éparpillement » des individus dans leur rapport au commerce alimentaire. Par ailleurs, l'effet de « repolarisation » des lieux de distribution de la vallée et/ou des centres-bourgs dans ce rapport à l'alimentation reste à démontrer. Bien souvent, les grandes surfaces alimentaires situées au sein des pôles urbains périphériques (Évreux, Dreux, Mantes...) jouent encore un rôle, même occasionnellement (promotions, loisirs...).

Conclusion

La place de l'approvisionnement alimentaire domestique reste difficile à appréhender dans un contexte périurbain. Les multiples rétroactions, boucles et parcours envisagés restent peu descriptibles dans la globalité et ne laissent pas émerger d'actions collectives groupées. Si la grande distribution reste majoritaire dans les choix des ménages, l'émergence du concept de « polarisation alimentaire » vu sous l'angle des relations lieux de vente - lieu de vie des ménages reste encore à démontrer. Dans notre approche, la notion de flux quantifiables n'est pas envisageable, de même que la démonstration du recentrage des flux de déplacements au sein du périurbain considéré (ici les franges de l'aire urbaine de Paris) qui semble loin d'être totale. De ces résultats émergent l'idée d'un « ambulantage », voire d'un « nomadisme » alimentaire plus qu'un phénomène de polarisation à proprement parler. D'une certaine manière, l'ensemble des lieux de distribution situés au sein de la vallée d'Eure pourraient former un pôle alimentaire commun constitué de centralités interconnectées (celles des centres-bourgs et celles constituées par les autres lieux de distribution) et distinct du reste des pôles de périphérie (Évreux, Dreux, Mantes), ce qui nous permettrait d'explorer plus finement les interconnexions entre les centres et au-delà l'usage effectif de ces derniers.

Bibliographie

AID. 2012. Schéma de Développement et d'Aménagement Commercial. Département de l'Eure.

ARAGAU C., 2014. « Le bassin de vie, un territoire porteur de ruralité aux marges de l'Île-de-France ». *Norois* N° 229 (4) : 7-20.

BERGER M., 2002. « *Les périurbains de Paris : de la ville dense à la métropole éclatée* ». Habilitation à diriger des recherches, Paris, France: Université Panthéon-Sorbonne.

BOUDEVILLE J.R,. 1972. *Aménagement du territoire et polarisation.* Paris, France: M.-T. Génin, Paris, France.

CARLUER F,. 2004. *Pouvoir économique et espace : analyses de la divergence régionale.* L'Harmattan Paris, France, Hongrie, Italie.

DAVODEAU H., DONADIEU P., FLEURY A., 2009. « *Projets de paysage | Une Transition périurbaine | Périurbanisation | paysage | ruralité | territoire | agriculture* ». juin 26. http://www.projetsdepaysage.fr/.

DESSE R.P, 2001. *Le nouveau commerce urbain: dynamiques spatiales et stratégies des acteurs.* Rennes, France: Presses universitaires de Rennes.

ELLUL J., 1977. *Le système technicien*, Calmann-Lévy, Paris, France.

GASNIER A., 2015. « *La recherche de l'équilibre commercial : l'impossible planification du commerce périphérique ?* » https://halshs.archives-ouvertes.fr/ halshs-00201459/document.

MOATI P., POUQUET L., Centre de recherche pour l'étude et l'observation des conditions de vie, et Programme de recherche et de développement dans les transports terrestres France. 1998. *Stratégies de localisation de la grande distribution et impact sur la mobilité des consommateurs.* Paris: CRÉDOC.

MONNET J., 2007. « Ambulantage et métropolisation ». Cybergeo : *European Journal of Geography*, avril. https://cybergeo.revues.org 5565.

PÉRON R., 1998. « L'urbanisme commercial à la française ». *Annales de la recherche urbaine*, no 78 (mars). http://www.annalesdelarechercheurbaine.fr.

ROUGÉ L., JAILLET M.C., LABORIE J.P.. 2005. *Accession à la propriété et modes de vie en maison individuelle des familles modestes installées en périurbain lointain toulousain: les captifs du périurbain ?.* Lille, France: Atelier national de reproduction des thèses.

LES ESPACES OUVERTS DE LA FABRIQUE PÉRIURBAINE[1]

Lionel Rougé

Les campagnes périurbaines de l'Ouest francilien[2] présentent un tissu où cohabite, de manière fine, les espaces bâtis (bourg, village, lotissements) et des espaces ouverts[3] (en raison d'une agriculture performante et d'espaces naturels protégés très tôt). Dans ce périmètre quatre grands secteurs, témoins d'une maturation (Berger et *al.*, 2014), ont plus particulièrement été investigués : une zone de contact avec l'agglomération, autour de Maule et Guerville : une bordure beaucoup plus externe, autour de Houdan, répartie sur deux régions (Île-de-France et Centre) ; un secteur du PNR du Vexin autour de Chars et Marines et puis une marge externe à l'aire urbaine, dans l'Eure, sur un secteur subdivisé en deux petits morceaux – autour de Paçy-sur-Eure, relativement bien connecté et en cours d'embourgeoisement et, autour de Saint-André-de-l'Eure, beaucoup plus à l'écart des grands axes de communication et, récemment confronté à une périurbanisation émanant de la région parisienne activée par des ménages aux revenus plus modestes, issus des petites classes moyennes, le plus souvent sortants du parc social des communes de la vallée de la Seine (Mantes-La-Jolie, Les Mureaux, …).

À partir de l'impression d'hybridation entre ville et campagne ressentie lorsque l'on parcourt ces espaces et que l'on pourrait qualifier « d'aboutie », nous souhaitions en approcher les ressorts et les enjeux socio-spatiaux. Notre questionnement portait sur les modes d'appropriation des espaces ouverts par les habitants et leurs incidences potentielles sur les démarches de projet de territoire (Banos, Sabatier, 2011). Ces espaces ouverts – pris dans leur diversité – sont-ils susceptibles de devenir des lieux d'un vivre-ensemble singulier par rapport à celui de la ville dense ? Autrement dit ces espaces peuvent-ils assurer le rôle d'espace public (Banzo, Valette, 2006) et donc être pensés comme tel dans les politiques d'aménagement et d'urbanisme

[1] Cette communication reprend celle faite en collaboration avec Monique Poulot dans le cadre de la session « Entre périurbain et périrural : adaptabilité des territoires et des modes de vie face aux enjeux de durabilité ? » du colloque de l'ASDRLF « Métropolisation, cohésion et performances : quels futurs pour nos territoires ? » des 7-9 juillet 2014. Cf. également, Poulot-Moreau M., Rougé L., Aragau C. et Mettetal L., « Les espaces ouverts dans la fabrique périurbaine : vers l'affirmation de logiques de transaction dans les nouvelles recompositions socio-spatiales », 2014, Urbia, N°17, pp. 33-50.

[2] Le périmètre de l'étude comprend les départements des Yvelines, du Val d'Oise ainsi que les cantons bordiers des départements de l'Eure, de l'Eure et Loir.

[3] La définition « d'espaces ouverts » retenue ici est celle proposée par l'Institut d'Aménagement et d'Urbanisme (IAU) (elle-même adoptée de la définition des *open spaces* anglo-saxons), soit « *l'ensemble des espaces agricoles, boisés et naturels, habituellement considérés de manière indépendante, alors qu'ils jouent des rôles similaires dans le fonctionnement des territoires*[…] » en tant qu' «[…] *espaces qui ont la caractéristique d'avoir un sol vivant, riche en potentialités (par opposition aux espaces urbanisés – zones urbaines, zones d'activité, infrastructures – dotés d'un sol recouvert, non réversible)* » (IAU-DRIAAF, 2009, p.7).

engagées ou mises en œuvre dans les contextes de processus de périurbanisation ?

Le protocole de recherche prend appui sur une démarche compréhensive croisant observations personnelles avec photographies, entretiens semi-directifs auprès de 80 ménages ayant eux-mêmes à réaliser un travail d'images et de commentaires des espaces fréquentés, auxquels s'ajoutent des rencontres avec des acteurs techniques et des élus de ces territoires[1].

Trois grandes postures dans ce que l'on pourrait appeler un apprivoisement (Serfaty-Garzon, 2002) des espaces ouverts ont pu être dégagées au travers de cette enquête. Loin d'être figés, les propos et les comportements repérés oscillent entre l'une ou l'autre des postures pouvant alors être affectées de chevauchements. Toutefois un mouvement général se dessine vers ce que nous avons appelé une logique de plus en plus transactionnelle entre les espaces ouverts et les espaces bâtis de cet ouest francilien.

La première posture repérée est celle, assez classique, de la mise à distance. Elle s'apparente à une hybridation encore difficile. Il s'agit en quelque sorte d'un « ni ville ni campagne » qui caractérise le moment de la première vague périurbaine active sur le front d'urbanisation – dans les communes rurales des bordures de l'Île-de-France et dans les secteurs externes aux limites administratives de la région (Eure ou Eure-et-Loir en ce qui concerne nos terrains). Cette mise à distance dans les représentations comme dans les actions concerne tant l'image de la ville et de ses nuisances, que les dimensions agricoles et productives de la campagne. Les modes d'habiter qui marquent cette posture véhiculent l'idée d'une campagne paysage, d'un décor, d'une esthétique. Dans une telle posture, la programmation foncière est alors prise en étau entre de multiples conflits d'usages qui compliquent les arbitrages susceptibles de faciliter les modalités d'une hybridation ville-campagne. Toute action sur l'espace aboutit, bien souvent, à des enfermements de bâti ancien et à la superposition d'une urbanisation plus récente très souvent peu connectée avec le bâti existant ou les espaces ouverts qui demeurent.

La deuxième posture repérée est celle où s'opèrent des formes de reconnaissances susceptibles d'amener vers une appropriation mutuelle, par adaptation. Se dessinerait là une hybridation en passe de réussir, aboutissant alors à un « entre ville et campagne ». Les modes d'habiter qui s'expriment revendiquent une familiarité avec les espaces ouverts environnants. Les parcours du quotidien s'organisent autours de repères paysagers, les espaces agricoles et naturels sont de plus en plus appréhendés comme une ressource et des lieux de rencontre sont progressivement constitués, participant d'une territorialité périurbaine en devenir (promenades en forêt, cheminements à travers champs, virées au bord des rivières…). Les propos des ménages évoquent des espaces « *à portée de pied* », où il y a « *plein d'histoires dans chaque village* », où « *on ralentit pour voir* » et où « *on s'arrête pour respi*rer ». La campagne n'est plus simplement un décor mais bien un espace vers lequel on va pour *toucher du doigt* ou *caresser des oreilles* une nature dont on mesure la présence immédiate et, dans laquelle, on se sent habiter pleinement. Cette deuxième

[1] Voir à ce sujet le texte de Tanguy Le Goff.

posture semble être activée par l'intermédiaire du jardin pavillonnaire qui revient systématiquement dans les évocations de la vie périurbaine. Celui-ci, par les usages qu'il permet, est un terrain d'expérimentation propice à l'acculturation mutuelle entre des pratiques et socialisations urbaines et des pratiques et socialisations davantage tournées vers la ruralité. Dans un tel schéma, le rapport à l'agriculture professionnelle reste bien évidemment très distendu, néanmoins les pratiques jardinières sont le canevas d'un apprentissage progressif de la ruralité, de ce rapport à la nature et à l'agriculture. À travers les discours sur ces pratiques et l'inscription de parcours « dans la campagne », se dessinent des mises en réseau, des jeux de résonance entre les espaces ouverts environnants et ceux d'ailleurs – tant les espaces verts de la ville dont les ménages gardent le souvenir et qu'ils continuent à pratiquer (à Paris les Buttes-Chaumont ou le Parc Monceau, à Mantes-la-Jolie les bords de Seine, à Versailles le parc du château...), que la campagne pratiquée durant les vacances ou les week-ends (la Normandie, la Bretagne, les boucles de la Seine, le Vexin, les forêts de Rambouillet ou de Montmorency...). On mesure, par la mobilisation dans les discours de ces multiples références, à quel point la question périurbaine n'est pas en marge et, pour ces ménages de l'ouest francilien, en rien isolement. Elle semble même plutôt être un processus d'appropriation progressif, multiple dans ces ressorts, à la fois multiscalaire et multiterritoriale.

La troisième grande posture est, selon nous, à voir comme un moment de transformation dans le processus de périurbanisation. Il s'agit de celle dans laquelle les espaces ouverts sont appréhendés comme des lieux de passage vers un après de la (péri)urbanisation, comme les vecteurs et les leviers d'une transaction qui s'opèrerait entre ville et campagne et à travers laquelle pourrait s'affirmer « *une dialectique de l'invention* » (Rémy, 2005). Ce moment là est repérable dans les discours par l'affirmation du référentiel de la préservation. Le cadre de vue devient petit à petit un cadre de vie (Poulot, 2013) que l'on cherche à maintenir tel quel au risque parfois d'entrer alors dans des logiques de blocage. Ils deviennent ainsi les supports de dynamiques de concertation. Certains d'entre eux, parce qu'ils ne rentrent pas facilement dans les cases, offrent alors des possibilités de contournement, de créativité, d'un autre relationnel. S'y organisent et se structurent dans ces espaces des lieux agricoles alternatifs inscrits également dans la préservation, mais dans un optique peut-être moins exclusive et excluante. Outre leur fonction alimentaire, leur côté sain, ces lieux qui émergent, acquièrent aussi petit à petit des fonctions beaucoup plus sociales. Ils répondent à une demande de convivialité, certes parfois sublimée et à une demande de confiance (Lagane, 2011), avec là toute une rhétorique de la proximité, du local, qui n'est pas exclusivement périurbaine. Ne retrouve-t-on pas dans les quartiers centraux, en particulier ceux en cours de gentrification, des dispositifs et des mobilisations individuelles ou collectives proches ? Il serait d'ailleurs intéressant de voir si cela résonne et comment. Enfin, cette transaction est renforcée par le développement d'une grammaire de la rurbanité, d'un tissage fin entre le continu et le discontinu, le bâti et le non-bâti, l'ancien et le nouveau et par l'affirmation d'un vocabulaire spécifique, voire singulier. Ces éléments de marquage d'une lisibilité (Di Méo, 2007) et d'une visibilité de ces espaces hybrides oscillent entre des « marquages-trace » (Veschambre, 2004) tels les lavoirs, les manoirs, tous ces éléments qui sont réappropriés et qui participent de l'espace local, mais également d'un marquage-présence, par les fêtes, les marchés, les vide-greniers, qui sont également remobilisés.

En conclusion, ces trois postures se retrouvent sur l'ensemble des terrains mais tous montrent des évolutions vers la troisième. Ces espaces ouverts sont de plus en plus au cœur des visions et des projets mis en place par les acteurs de ces territoires périurbains. Ils acquièrent une spécificité et participent de la singularité de chaque portion d'un périurbain décidément loin des discours sur l'aseptisation et la banalisation des paysages. Cette reconnaissance des espaces ouverts résonne avec le développement des centralités locales, elle renforce parfois les dynamiques d'identification avec les lieux au risque parfois – il faut bien le relever – de favoriser des logiques de spécialisations sociales quand, comme dans la plaine de Versailles, les espaces agricoles et naturels sont élevés au rang de remparts contre l'urbanisation. Les reconfigurations des modes de vie périurbains observées dans cet ouest francilien soulignent l'importance d'un petit, d'un proche, appréhendé comme espace de réassurance dans un fait métropolitain de plus en plus synonyme de complexité. Quant aux sociabilités observées dans ces espaces ouverts, elles oscillent entre un usage exclusif, proche de la logique du club repérée par Éric Charmes (Charmes, 2011) et un usage plus ouvert, propice à la rencontre et à la diversité.

Bibliographie

BANOS V., SABATIER B., (2011). Les espaces périurbains non-bâtis en France : entre « publicisation » urbaine et « privatisation » rurale ? *Articulo-Journal of Urban Research* [en ligne]. http://articulo.revues.org/1524.

BANZO M., VALETTE E., (2006). Les espaces non bâtis, enjeux de nouvelles pratiques et de nouveaux vécus urbains. *Sud Ouest Européen,* 22, 27-39.

BERGER M., ARAGAU C., ROUGÉ L., (2014). Vers une maturité des territoires périurbains ? *Echogéo* [en ligne]. http://echogeo.revues.org/13683.

CHARMES, É. (2011). *La ville émiettée. Essai sur la clubbisation de la vie urbaine.* Paris : PUF.

DI MÉO G., (2007). Identités et territoires : des rapports accentués en milieu urbain ? *Métropole.* [en ligne] http://metropole.revue.org/80.

IAU-DRIAAF (2009). Réaliser une analyse fonctionnelle des espaces ouverts (document). [en ligne]. http://www.iau-idf.fr/fileadmin/Etudes /etude_628 /Realiser_une_analyse_fonctionnelle_des_espaces_ouverts_01.pdf.

LAGANE J., (2011). Du Teiki à l'AMAP, un modèle acculturé. *Développement durable et territoires*, 2 [en ligne]. http:// developpementdurable.revues.org/9013.

POULOT M., (2013). Du vert dans le périurbain. *EpacesTemps.net* [en ligne]. http://www.espacestemps.net/articles/du-vert-dans-le-periurbain-les-espaces-ouverts-une-hybridation-de-lespace-public-2/.

RÉMY J., (2005). Négociations et transaction sociale. *Négociations*, 3, 81-95.

SERFATY-GARZON P., (2002). Appropriation. In M. Segaud, J. Brun et J.-C. Briant (Ed.), *Dictionnaire de l'habitat et du logement* (pp. 27-30). Paris : Armand Colin.

VESCHAMBRES V., (2004). Appropriation et marquage symbolique de l'espace : quelques éléments de réflexion. *Travaux et Documents ESO*, 21, 73-77.

Les relations entre les élus et l'intervention de la société civile

LES MAIRES PÉRIURBAINS DANS LA FABRIQUE DE L'ACTION PUBLIQUE LOCALE

Tanguy Le Goff

857 : c'est le nombre de maires du périurbain francilien, soit près de 65% de l'ensemble des maires de la région Ile-de-France. Mais que sait-on au juste d'eux ? Pas grand-chose serait-on tenté de dire. Rares sont les travaux sur les maires des communes de la lointaine périphérie ou celles situées à la lisière des principales aires urbaines des territoires périurbains[92]. Il est vrai que le regard des chercheurs en sciences sociales, notamment des politistes, est longtemps demeuré très urbano-centré (Gaxie, Lehingue, 1984). Ce constat mérite toutefois d'être nuancé. Les études portant sur les « maires ruraux[93] » et, plus largement, sur le pouvoir municipal dans les « mondes ruraux[94]» ont en effet connu un regain d'intérêt ces dernières années. Or, elles décrivent le travail d'élus qualifiés de « ruraux » qui pourraient sans doute être labellisés de « périurbain » si l'on adoptait la définition de l'INSEE du périurbain comme nous en avons fait le choix dans une récente enquête. Elles constituent donc des éclairages sur lesquels, nous nous appuierons ici pour mettre en regard les résultats de l'étude que nous avons conduite auprès de maires du périurbain francilien. Partant d'une sociographique de ces maires, avec un zoom sur ceux de l'ouest de la région île-de-France, nous chercherons à saisir la manière dont ils orientent leur action publique et à identifier les déterminants ou les référentiels qui les guident ? La « manière » renvoie aussi aux outils (financiers, juridiques) qu'ils mobilisent pour la conduire. Elle renvoie également à leur mode d'investissement de l'échelle intercommunale du pouvoir local qui est désormais un lieu central de la fabrique des politiques publiques en territoires périurbains.

[92] On retiendra néanmoins sur les batailles municipales en milieu périurbain, le travail de Fabien Desage. Il montre bien comment, à l'occasion d'élections municipales, de nouveaux entrants en politique issus des classes supérieures nouvellement arrivées peuvent déstabiliser l'élite politique rurale qui détient de longue date le pouvoir municipal, Desage (F.) « Une commune urbaine résidentielle suburbaine en pleine campagne. Contraintes de notoriété, clôture des enjeux et disqualification sociale de l'adversaire », Lagroye (J.), Lehingue (P.), Sawicki (F.) dir, *Mobilisations électorales. Le Cas des élections municipales de* 2001, Paris, PUF, 2005. Et, plus récemment, le travail collectif sur le pouvoir municipal en milieu rural qui apporte des éclairages sur des communes périurbaines « à dominante rurale ». Barone (S.), Troupel (A.) dir., *Battre la campagne. Élections et pouvoirs en milieu rural.* Paris, L'Harmattan, 2010.

[93] Plusieurs travaux ont montré, dès les années 1990, les changements dans les modes d'action des maires ruraux notamment d'appropriation des dispositifs d'action publique, Faure (A.), *Le village et la politique. Essai sur les maires ruraux en action*, Paris, L'Harmattan, 1992. Nevers (J.-Y.), « Entre consensus et conflits, la configuration des compétitions aux élections municipales dans les communes rurales », *Revue française de sociologie*, 1992, n° 33, pp.391-416, Douillet (A.-C.), « Les élus ruraux face à la territorialisation de l'action publique », *Revue française de science politique*, vol. 53, n°4, p.583-606.

[94] Voir le numéro de la revue *Politix* sur *Les mondes ruraux* coordonné par Mischi (J.), vol.21, n° 83, 2008 et Roger (A.) Mischi (J.) dir, *Sociabilité et politique en milieu rural*, Rennes, PUR, 2008

Les maires périurbains : une approche par les chiffres

Quelques chiffres nous permettront de dégager les principales caractéristiques des maires périurbains franciliens. Ils sont tirés du Répertoire national des élus (RNE[1]) et d'une enquête par questionnaire réalisée auprès d'un échantillon de 372 maires.

Portrait des maires à l'échelle du périurbain de l'Île-de-France

De l'analyse des principales caractéristiques des maires du périurbain francilien, 4 enseignements principaux se dégagent :

À l'instar des maires des communes urbaines et rurales, dont l'âge n'a cessé de reculer depuis 30 ans, l'âge d'or des maires du périurbain francilien se situe entre 60 et 69 ans. En fonction, leur moyenne d'âge est de 58 ans et de 52 ans au moment où ils endossent pour la première fois ce rôle. Sur les 857 maires du périurbain francilien, seuls 10 ont moins de 40 ans.

Une fonction encore principalement tenue par les hommes

Sur l'ensemble du territoire national, on sait qu'il y a une sous-représentation politique des femmes au poste de maire malgré une augmentation constante de leur nombre depuis la fin des années 1970[2]. Le périurbain francilien ne fait pas exception à la règle. Seuls 19,1 % des maires sont des femmes. Elles sont 20,1 % dans les départements de l'ouest francilien. Ces chiffres sont néanmoins supérieurs à ceux enregistrés à l'échelle nationale tous types de communes confondus. Selon le ministère de l'Intérieur, la proportion de femmes parmi les maires était à l'issue des élections municipales de 2008 de 13,9 % (ministère de l'Intérieur, Insee, 2008). Il y aurait donc une plus grande féminisation des maires du périurbain francilien[3], plus ou moins marquée, selon la taille des communes. Ce sont dans les petites communes (moins de 500 habitants) que les femmes accèdent en plus grand nombre au poste de maire. Sur les 164 femmes maires, près de 40% le sont d'une commune de moins de 500 habitants. Plus la taille de la commune augmente, moins les femmes sont présentes au poste de maire. Il existe donc une relation spécifique entre la taille de la commune et l'accès genré à l'exécutif municipal.

---

[1] Depuis sa mise en place en 2001, le RNE constitue un outil particulièrement utile aux enquêtes sur le personnel politique communal et qui est relativement facile d'accès. Réalisé à partir des déclarations de candidatures en préfecture et des tableaux municipaux obligatoirement transmis par les mairies après les élections, les informations sur les maires sont toutefois parcellaires. Elles portent sur l'âge, le sexe, la profession, le diplôme, l'année de prise de fonction d'un maire ou encore son appartenance politique. Toutes ces données sont collectées et archivées par le Bureau des élections et des études politiques du ministère de l'Intérieur.

[2] Voir les analyses de Achin (C.), Lévêque (S.), *Femmes en politiques*, Paris, La Découverte, coll. « Repères », 2006

[3] Il faudrait analyser s'il s'agit d'un phénomène propre au périurbain francilien ou s'il concerne l'ensemble de l'Île-de-France. Il existe en effet des variations importantes selon le type de communes. On sait par exemple que la part des femmes maires est moindre dans les communes urbaines, elle était de 7 % en 2006, voir Premat (Ch.), Dewoghélaere (J.), « Le profil des maires urbains en 2006 », *Sens public*, 25 mars 2008, URL : http://www.sens-public.org/article.php3?id_article=534

Communes Île-de-France					
Genre	Moins de 500 habitants	De 501 à 1 000 habitants	De 1 001 à 2 000 habitants	Plus de 2 000 habitants	Effectifs
Masculin	38 %	28 %	16 %	19 %	693
Féminin	40 %	28 %	20 %	12 %	164
Total	38 %	28 %	17 %	18 %	857

Tableau 1 : relation entre le genre et la taille des communes (sources : ministère de l'Intérieur, Répertoire national des élus (élections de 2008) -2013)

Des profils de retraités et de cadres en masse !

Parmi les maires, les retraités sont les plus nombreux : 33,4 % pour l'ensemble du périurbain francilien. Leur proportion importante s'inscrit dans un mouvement national de très forte augmentation du nombre de maires retraités depuis 30 ans. Entre 1983 et 2008, leur nombre a augmenté de 83 % passant de 6 288 à 11 528[1]. Ce n'est donc nullement une spécificité du périurbain francilien. Viennent ensuite les cadres et les professions intellectuelles. 22,4 % des maires du périurbain font partie de cette CSP. Leur part est encore plus importante dans l'ouest francilien où ils sont 28,3%. Il y a là un lien avec la place numériquement prépondérante qu'ils ont prise au sein de la population des communes de cet espace francilien depuis la fin des années 1970. « En 1982, analyse Martine Berger, dans la moitié des communes, l'association entre ménages ouvriers et employés, actifs ou retraités, constituait le groupe le plus nombreux. Un quart de siècle plus tard, le nombre de communes où cadres et professions intermédiaires actifs ou retraités dépassent la moitié des ménages, a été multiplié par 2,5[2] » Dans ces communes, la sociologie des maires est donc relativement bien ajustée aux groupes sociaux dominants.

Quant aux agriculteurs (exploitants ou salariés agricoles), ils constituent encore une part importante des maires du périurbain francilien[3]. Ils sont 96 maires, soit 12,3 % de l'ensemble des maires du périurbain francilien. Au regard de leur faible part dans la population active des communes périurbaines, (à peine 1,5%), on peut dire qu'ils sont surreprésentés à la tête des exécutifs communaux. Leur influence, historiquement très forte dans les mondes ruraux, n'a manifestement pas totalement disparue[4]. Elle s'est néanmoins sensiblement érodée sous l'effet des transformations sociologiques de ces territoires. Ils ne sont d'ailleurs pas présents de la même manière dans l'ensemble des communes périurbaines. Ils ne sont notamment que 3,8% à être maire d'une commune de plus de 2 000 habitants. Et seuls 9,5% le sont dans une commune de 1 001 à 2 000

[1] Ibid.p.2.
[2] Berger (M.), « Vers une diversification des espaces périurbains de l'ouest francilien », *Le périurbain : de l'hybridation à l'intensité*, Rapport intermédiaire pour le Puca, juillet 2013, p.50.
[3] Ils sont moins nombreux qu'à l'échelle nationale où, en 2008, ils représentaient 26 % de l'ensemble des maires. Cité par Koebel (M.), *art.cit.*
[4] D'autant moins que, même lorsqu'ils ne sont pas maires, les agriculteurs tendent à exercer une influence sur le conseil municipal en qualité d'adjoint et/ou par leur maîtrise du foncier qui en font des acteurs clés du développement communal. D'où l'intérêt qu'il y aurait à travailler également sur le profil des conseillers municipaux.

habitants. C'est dans les petites communes de moins de 500 habitants qu'ils sont les plus nombreux : ils y représentent 20%. Une hypothèse peut être avancée : la place encore occupée par les agriculteurs tient à la structure de la population de ces communes et au maintien de cadres sociaux ruraux.

D'autres groupes sociaux sont au contraire quasi-inexistants à la tête des municipalités. C'est le cas des ouvriers qui ne sont qu'une poignée de maires alors même que, en Île-de-France, le périurbain est l'espace où ils sont en plus grand nombre (ils représentent 12% de la population du périurbain)[1]. Là encore, seule une étude empirique, permettrait d'interpréter ce résultat. À titre d'hypothèse, on peut y voir, comme le note Julian Mischi à propos de la présence, ou plus exactement de l'absence des classes populaires au niveau du pouvoir municipal dans les communes rurales, une conséquence de la professionnalisation du métier politique. Celle-ci « tend à mettre à distance les catégories populaires de la scène municipale au profit des nouveaux venus d'origine urbaine et des membres de la petite bourgeoisie[2]». La part majoritaire des cadres supérieurs et moyens parmi les maires du périurbain tendrait à corroborer cette hypothèse.

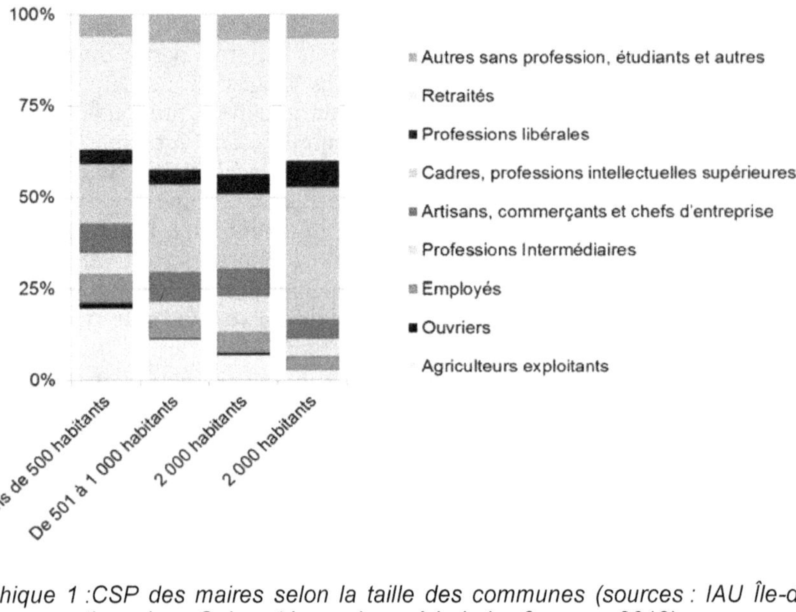

Graphique 1 :CSP des maires selon la taille des communes (sources : IAU Île-de-France, questionnaire « Qui sont les maires périurbains ? » mars 2013)

Au final, l'étude des profils sociaux des maires met en évidence que la catégorie socioprofessionnelle d'appartenance, l'âge et le genre jouent, dans les territoires périurbains comme ailleurs, un important rôle de filtre à l'accès à la fonction de premier magistrat d'une commune.

---

[1] À l'échelle nationale, le groupe ouvrier représente 20 % de la population active.

[2] Mischi (J.), « Les territoires ruraux, des espaces ouvriers en mutation », *Métropolitiques*, septembre 2013.

Caractéristiques des maires du périurbain de l'ouest francilien

De l'analyse ciblée des maires de l'ouest francilien, trois enseignements se dégagent.

Contrairement à ceux des communes rurales, ces maires ne sont majoritairement pas originaires de leur territoire d'élection. Les deux tiers des répondants n'ont pas d'attaches initiales. Néanmoins, ils se sont ancrés résidentiellement dans leur commune et, par leur investissement dans la sphère associative communale, ont progressivement acquis leur brevet de territorialité et se sont engagés sur la scène politique municipale. Dans ces communes, la mairie se gagne donc moins en s'appuyant sur une filiation politique locale que par la construction d'un capital de notoriété personnelle, l'affirmation d'un rôle au sein de la commune qui demande un temps long. La figure du parachuté, celui qui vient d'ailleurs pour être brutalement propulsé à la tête de la municipalité, n'est pas dominante parmi les maires de l'ouest francilien. À l'image d'une grande partie de leurs administrés, les maires sont des périurbains de longue date qui se sont intégrés à la vie communale puis s'y sont investis.

Ces maires sont peu nombreux à être affiliés à un parti politique et, comme dans les communes rurales, ils revendiquent leur apolitisme. Ils sont également faiblement professionnalisés au sens où ils ne disposent pas forcément de savoirs spécialisés, ils n'exercent pas à temps plein leur activité politique et, surtout, ils n'en vivent pas. À cet égard, leur taux de renouvellement est un indice significatif du fait qu'ils (sauf une minorité) ne font pas carrière en politique : seuls 30% ont plus de deux mandats successifs de maire à leur actif. Et ils sont 21% à accéder à la fonction sans un apprentissage préalable d'un rôle politique (adjoint ou conseiller municipal) au sein d'un conseil municipal.

Enfin, s'ils investissent massivement les structures intercommunales dont ils soulignent l'intérêt aussi bien en termes d'appui technique (sur les plans juridiques et urbain notamment) que d'échanges d'informations entre maires, ils accèdent inégalement aux postes de responsabilité. Ceux qui sont inscrits dans des carrières politiques, cumulant des mandats et ayant une longévité politique, monopolisent les présidences et vice-présidences des groupements intercommunaux à fiscalité propre. Les femmes demeurent écartées de la tête des groupements intercommunaux (communautés d'agglomération ou de communes). De la même manière que la structure par âge de ces territoires se rapproche des pôles de centralité urbaine, les profils des maires des communes périurbaines, par leurs caractéristiques, tendent ainsi à se rapprocher de ceux des maires urbains.

Note méthodologique

Les limites en termes d'exploitation du répertoire national des élus, nous ont conduits à doubler ce premier travail quantitatif d'une enquête par questionnaire auprès d'un échantillon de maires de l'ouest francilien. Ce dernier recouvre les départements des Yvelines, du Val-d'Oise et les communes périurbaines des cantons frontaliers à l'Île-de-France situés dans l'Eure et l'Eure-et-Loir. Avec ce questionnaire, nous souhaitions recueillir des informations plus fines sur les maires : profil social, commune d'origine de l'élu, positions professionnelles, engagements (associatif, syndical), nombre de mandats, trajectoire politique avant d'accéder à la fonction de maire, affiliation politique, inscription ou non dans un héritage politique familial. Dans cette perspective, le questionnaire a été construit en deux parties.

L'une traite des caractéristiques sociodémographiques de l'enquêté. Les questions portent notamment sur le profil social du maire (sexe, âge, diplôme le plus élevé), sa position sociale (exercice d'une activité professionnelle, ancienne ou actuelle profession, lieu de travail), sa commune d'origine ainsi que de ses parents et de sa parentèle et le temps qu'il consacre à son mandat politique.

L'autre s'intéresse à la trajectoire politique du maire. Les questions portent sur son entrée dans la sphère politique locale (sa participation à d'autres élections, ses autres mandats politiques), son engagement associatif, syndical, son affiliation à un parti politique ou encore son hérédité politique au travers de questions sur l'exercice ou non de mandats par ses parents ou sa parentèle. Au total, le questionnaire est constitué de 36 questions à partir desquelles il est possible d'obtenir des renseignements biographiques et sociodémographiques sur les maires.

Le choix d'un périmètre, relativement large, a permis la constitution d'un échantillon d'une taille numériquement satisfaisante pour espérer aboutir à une population de maires représentative. Nous avons établi une liste de 372 maires. Mais, en dépit de recherches sur les sites internet et d'appels téléphoniques en mairie, nous n'avons pu récupérer que 362 adresses mails. Finalement, 362 invitations à remplir en ligne un questionnaire ont été adressées via un courrier électronique (les autres l'ont été par courrier postal ou fax). Le délai accordé aux maires pour répondre au questionnaire était d'un peu plus de deux mois. L'envoi par courrier électronique fut relayé par des relances téléphoniques qui ont, parfois, permis de remplir directement des questionnaires ; 22 l'ont ainsi été. 16 maires ont refusé lors d'un de nos appels ou par courrier électronique – directement ou par l'intermédiaire de leur secrétaire – de répondre au questionnaire. Au terme de 4 relances téléphoniques auprès des non-répondants et de 3 par courrier électronique, étalées sur la période courant du 25 mars 2013 au 3 juin 2013, 180 maires sur les 372 ont répondu, soit un taux de réponse de 48,4 %. Ce taux est très satisfaisant comparativement aux enquêtes similaires existantes. Il est beaucoup plus important dans les Yvelines (54 %) que dans les autres départements (un tiers dans les communes frontalières à l'Île-de-France et 49 % dans le Val-d'Oise).

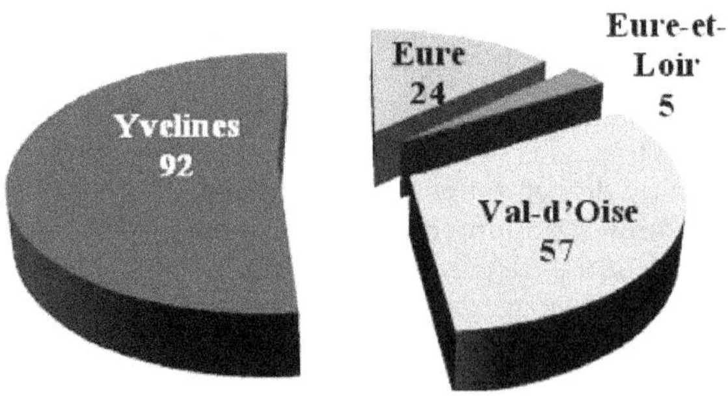

Graphique 2 : Répartition par département des maires ayant répondu au questionnaire « Qui sont les maires périurbains ? » (sources : IAU Île-de-France questionnaire « Qui sont les maires périurbains ? » mars 2013)

Ce traitement quantitatif a été complété par une démarche plus qualitative. 20 entretiens semi-directifs ont été menés auprès de maires de l'ouest francilien, de novembre 2013 à février 2014. Il s'agissait de recueillir des éléments plus précis sur leur social background et sur leur histoire personnelle d'entrée en politique.

Maitrise et recherche d'autonomie dans la conduite des politiques publiques communales

Pour satisfaire les demandes de leurs administrés – souvent qualifiées « d'exigeantes » par les maires – aussi bien en matière d'équipements culturels ou sportifs, de transport, de garde d'enfants, de fibre optique que de sécurité ou encore de logement, les maires se font *entrepreneurs de projets*. Nombreux sont d'ailleurs ceux qui mettent en avant, lorsqu'ils décrivent leurs « qualités » pour endosser le rôle de maire leur « esprit d'entreprise ». Ils le font d'autant plus volontiers si leur activité professionnelle, passée ou présente, est connectée avec le monde de l'entreprise. Les anciens chefs d'entreprise ou cadres supérieurs estiment ainsi que les savoir-faire qu'ils ont acquis dans leur métier (management du personnel, montage financier de projets, animation d'équipes) les dotent de ressources indispensables à l'exercice du métier de maire dans ces petites communes. C'est là, une forme classique de reconversion des capitaux professionnels en ressources politiques.

« Je m'apprête à créer le commerce qu'il manque, on va le faire mais ça prend du temps. Je vais certainement l'autofinancer, j'ai fait tout bêtement une spéculation, un maire c'est un chef d'entreprise, doublé d'un père de famille. » (Maire de Crespières).

En tous las cas, on est loin de la figure traditionnelle du « bon père de famille ». Ceci ne signifie pas que les maires se lancent tous systématiquement dans des projets de développement urbain, d'étalement de leur commune ou, comme l'y encourage le SDRIF, de densification. Bien au contraire, nombreux sont ceux qui, par souci de conserver le cadre de vie limitent au maximum le nombre de construction pour contrôler son développement et préserver ce qui constitue son atout : sa qualité paysagère.

La maîtrise de son développement urbain

Or, la clé de la maîtrise du développement urbain, c'est le permis de construire considéré, pour reprendre l'expression d'un maire, comme « le nœud de la guerre ». Les maires insistent sur la maîtrise du droit des sols qui, estiment-ils, doit rester entre les mains du maire.

La délivrance du permis de construire : socle du pouvoir des maires

Et certains de s'inquiéter d'un risque de dilution des responsabilités dans le cadre des PLUi (plans locaux d'urbanisme intercommunaux) et d'un éloignement du centre de décision. On sent bien que s'ils perdent cette prérogative, c'est leur rôle même de maire qui est mis en question. Ils se trouveraient réduits à un simple rôle « de notaire » entérinant des évolutions communales sur lesquelles ils n'auraient plus aucune prise.

« La commune a encore un sens si on ne nous enlève pas la compétence urbanisme qui répond à des logiques et une politique propres à chaque maire, sinon autant aller jusqu'au bout... les permis sont instruits jusque-là à la DDT, c'est la CC (communauté de communes) qui va s'en occuper par la suite. Une mairie ne doit pas être une chambre d'enregistrement, nous ici on reçoit et on examine le dossier pour faire des préconisations à la DDT. Si elle n'en tient pas compte on renvoie le dossier et éventuellement je prends une décision qui est inverse à celle de la DDT. » (Maire de Richebourg).

La maitrise foncière passe aussi par quelques emplacements réservés, parfois pour de petites opérations de logements sociaux, mais le plus souvent ces emplacements sont destinés à la réalisation ou à l'extension d'équipements communaux :

« On a prévu des emplacements réservés au PLU, d'une part pour faire un terrain de sport à proximité de l'école et un autre du côté de l'église pour préserver le paysage (cône de vue) et, peut-êtr,e y faire un aménagement sportif à terme.»(Maire de Jumeauville).

Acculturation au discours de la densification

Un deuxième point à souligner, étroitement lié au nouveau profil des élus, à leur manière de s'approprier les nouveaux référentiels d'action, est leur acculturation au discours de la densification. Ils défendent l'idée d'une « densification raisonnable » justifiée par son corollaire : la pérennisation des espaces naturels. Assurément, il y a une vision partagée du bien-fondé de la densification, de la nécessité d'éviter l'étalement urbain. Les moyens de densifier relèvent le plus souvent de l'optimisation foncière sous la forme d'opérations de « dentelle » et le remplissage des dents creuses est la pratique la plus courante :

« Dans l'ensemble, à part quelques dents creuses par ci par là, le village ne va pas trop bouger, ni s'étendre.» (Maire de Cormeilles-en-Vexin).

En revanche, la surélévation est très rarement utilisée et majoritairement non souhaitée, car elle pourrait modifier une typologie d'habitat dont ils défendent le caractère « villageois » auquel ils sont particulièrement attachés.

« Nous avons très peu de nouvelles constructions. C'est pourquoi, le jour où l'on refera le PLU, on reverra quelques petites choses. Mais on sait que cela restera au centre du village, on est sur une démarche de densification. C'est la meilleure solution parce que tout le reste est cultivé donc… Cela sera de la division de parcelle et pas de la surélévation, cela ne correspond pas à une demande. » (Maire d'Aulnay-sous-Mauldre).

Quant à la division de terrain, elle est considérée comme un processus inéluctable entraînant une densification naturelle mais difficilement maitrisable. La transformation des corps de fermes est admise dans la mesure où elle permet de maintenir un patrimoine et de créer des logements sans construire :

« On a aussi une politique de réhabilitation des fermes. Si l'activité s'arrête, ils ne peuvent pas le vendre à un particulier mais doivent faire plusieurs logements.» (Maire de Crespières).

« On va déjà mettre une option sur les vieux bâtiments, comme d'anciennes fermes délabrées avec plusieurs héritiers. Ça coûte plus cher que des logements neufs mais c'est pour garder le cachet de la commune. » (Maire de Guerville).

Le recours à l'instrument juridique

Les maires pointent néanmoins les effets pervers de la politique de densification et des cadres juridiques qui la favorisent. Elle conduirait en effet à des divisions foncières incontrôlables et à une interprétation peu scrupuleuse des évolutions réglementaires par les marchands de biens face auxquelles les maires ont les plus grands difficultés à trouver des « contre-feux » juridiques.

« Ce qui nous pose problème, dit un maire, c'est cette politique de densification qui incite les marchands de biens à nous appeler pour nous soumettre des projets et, si on les refuse, ils nous signifient qu'on n'a pas le choix, que la loi nous y oblige. On a plus souvent à faire aux marchands de biens, qui se contentent de deux ou trois maisons, qu'aux promoteurs qui souhaitent des projets de plus grande envergure. Ils font des maisons juste en bordure de zone constructible, en prenant toute la largeur du terrain pour faire plusieurs logements et les occupants se retrouvent avec des jardins en zone NC, mais quand ils l'achètent ils ne s'en rendent pas compte. On vient de préempter une zone sur laquelle le marchand de biens, qui nous pose problème sur la commune, voulait réitérer ce montage. Il a finalement renoncé mais peut-être pour attendre le prochain mandat. On a arrêté la vente mais il avait l'acheteur. Le problème c'est l'interprétation qui est faite de la densification par des marchands de biens, mais aussi des propriétaires, sans scrupules. Et le SDRIF (Schéma directeur de la région Île-de-France) facilite ça partout. C'est le fruit d'une réflexion de gens qui habitent la ville et ne mettent pas souvent les pieds chez nous... » (Maire de Richebourg).

Pour lutter contre ces excès, les maires agissent sur un double registre :

- Le registre de la vigilance voire de la surveillance consistant à vérifier que des opérations ne se font pas sans l'accord de la mairie : « *les murs montent très vite le week-end* ».
- Le registre du droit. Les maires épluchent le code de l'urbanisme et en deviennent, pour certains, de véritables spécialistes... à défaut de pouvoir s'appuyer sur leurs propres services juridiques. D'autres mobilisent les expertises juridiques des services intercommunaux ou font appel à un avocat. Ils parviennent ainsi à mobiliser toutes les « possibilités » offertes par le droit, à interpréter les normes de rang régional, pour éviter les dérives de ce qui est non seulement devenu le référentiel mais plus encore l'impératif « de densification ». Citons l'exemple de ce maire qui a fait le choix de délimiter dans son PLU l'implantation des maisons pour empêcher la construction en fond de parcelle, et qui n'hésite pas à préempter lorsqu'un marchand de biens, connu pour avoir abusé les futurs occupants, tente de réitérer.

Le souci de l'autonomie dans la conduite des projets locaux

Cette quête d'autonomie est très présente dans le montage des projets communaux : qu'il s'agisse de financer une station d'épuration écologique, de mettre en place un service de transport pour les personnes âgées, de portage de repas ou de requalifier la place publique de la commune, un maire doit savoir trouver des ressources pour les financer. Deux modes de financement sont privilégiés.

Il y a les guichets de subvention existants à différentes échelles d'action publique (département, intercommunalité, région voire Europe) et à s'inscrire dans des dispositifs contractuels ou des structures « associatives » (comme l'Association de la plaine de Versailles.). Cette quête de subsides est déterminante car les maires de ces communes, en règle générale de petite taille (moins de 2 000 habitants), ne disposent que de faibles moyens financiers et leurs possibilités pour les accroître sont limitées. Dans ce travail de recherche de financements, la quasi-totalité des maires interrogés souligne l'appui des conseillers généraux.

De l'importance du rôle de courtier des conseillers généraux

Ces élus interviennent à plusieurs niveaux : dans le montage financier des dossiers, dans le portage des dossiers au sein des circuits de décision et de financement du conseil général mais aussi, au sein de l'assemblée délibérante, pour défendre si nécessaire « les causes » des élus de leur circonscription. Assurément, ils assurent un rôle d'intercession auprès de l'administration départementale pour recueillir des informations (juridiques, financières) où connaître, auprès des services chargés d'instruire les dossiers, l'état d'avancement du traitement d'un dossier de demande de subvention déposé par un maire. Vrais relais entre le territoire communal et les sphères administratives et politiques départementales, les conseillers généraux sont pour les maires périurbains des élus proches avec lesquels ils ont des contacts directs et réguliers, d'autant plus s'il y a une proximité géographique.

« On a un accès au conseil général sans soucis. J'ai le numéro personnel du conseiller général et je l'appelle si j'ai besoin de quelque chose. Il a cet avantage qu'il va lui-même se renseigner. Si j'ai besoin des infos, c'est lui qui va me les donner. C'est quelqu'un de parfait pour les élus. On est peut-être favorisé du fait de notre proximité géographique, en tous les cas avec le département dès qu'on demande quelque chose, on n'a pas de soucis. C'est vrai aussi qu'on ne fait jamais de grosses demandes ».

Un autre mode de financement, significatif de cette volonté d'autonomie, est l'autofinancement. Ce maire d'une commune d'un peu plus de 1 000 habitants en est un bon exemple.

« C'est vrai qu'en arrivant à la municipalité j'ai apporté une méthode de travail, j'étais dans la banque où je menais des projets, je savais faire. Le premier projet communal, cela a été de construire un terrain de tennis en disant ça ne coûtera rien à la commune parce qu'on va faire une convention et les gens qui vont prendre leur carte et ben on reversera 70% à la commune et en 10 ans on a remboursé le tennis. Voilà des trucs de ce genre qui font qu'aujourd'hui la commune est bien gérée et que je n'ai pas d'opposition. Donc c'est un peu ça qui fait que le bilan est très positif. » (Maire de Ménilles).

Enfin, l'intercommunalité est une structure politico-administrative que les maires investissent et dont ils savent jouer des opportunités – financières mais aussi parfois techniques – qu'elle offre pour défendre leurs projets communaux et, à une échelle plus large, la conception de leur développement territorial.

Quand les maires investissent l'intercommunalité

Intercommunalité : lieu d'apprentissage et d'expertise

Dans l'ensemble, les maires interrogés soulignent trois aspects bénéfiques des structures intercommunales. Elles constituent un lieu d'échange d'information, de « bonnes pratiques » entre maires. Les « conseils communautaires » des structures intercommunales semblent fonctionner comme un lieu de socialisation et d'apprentissage en commun d'enjeux locaux de politique publique.

« On a aussi notre conseil communautaire. Tous les mercredis à midi, on est en bureau communautaire et on travaille ensemble, entre maires. On voit toutes les questions, on traite le moindre problème. » (maire de Aulnay-sous-Mauldre).

Un second aspect bénéfique est qu'elles apportent, de manière très inégale selon les structures intercommunales, un appui en expertise sur les plans juridiques, urbains ou financiers. Lorsqu'elles sont équipées en service, ces derniers sont particulièrement appréciés par les élus pour les moyens humains et l'aide qu'ils sont en mesure d'apporter pour des éclairages juridiques ou le montage technico-administratif de dossiers. Ils participent à compenser la faiblesse des moyens de leur administration municipale qui, souvent, se limite à deux ou trois personnes.

« C'est extraordinaire, explique cette maire d'une commune de 1 200 habitants. Très régulièrement, je demande des conseils, c'est très important pour mon assurance juridique au quotidien. Par exemple, l'autre jour, sur les questions de petite enfance, je voulais refuser un enfant, le juriste de l'agglomération m'a dit pourquoi c'était impossible. On a un service instructeur à la communauté de communes mais c'est moi qui signe les permis de construire. C'est le rêve comme cela au moins, on ne fait pas de choses à part, c'est la même règle pour tout le monde. (...) Moi, j'apprécie. C'est un vrai support. Je ne me verrai pas sans la communauté de communes, les services partagés je trouve cela parfait. Et plus on en aura et mieux cela sera. » (maire de Aulnay-sous-Mauldre).

Certains maires construisent désormais l'exercice de leur rôle en intégrant cette expertise « à disposition » à tel point qu'ils n'envisagent plus de faire sans. Cette expertise est jugée d'autant plus importante que, parallèlement, l'État n'est plus en mesure de jouer ce rôle de conseil, d'expert, dans bien des domaines. De l'avis de plusieurs maires, les services de l'État se retirent de plus en plus, des territoires périurbains.

Les intercommunalités sont également un moyen de peser dans les négociations avec les grands groupes industriels. En s'appuyant sur les intercommunalités, les maires des petites communes peuvent mieux (à meilleur prix) négocier leur contrat avec des grands groupes industriels et réduire leur dépendance technique et financière. Un bon exemple est ce qui se joue autour de la gestion de l'eau comme l'explique ce maire.

« L'intercommunalité a aussi des vertus. Au niveau du contrat "eau" par exemple, depuis 1986, la commune était seule. La force d'un maire dans les négociations face à des groupes comme La Lyonnaise des eaux ou tout autre type d'autre groupe est quand même réduite. Cela fait partie des compétences que nous avons transférées à l'agglomération. Cela se traduira, au 1er septembre 2014, date d'entrée en application, par une réduction de 30% du coût du mètre cube, cela n'est pas rien. Demain, c'est le marché de la collecte des déchets et qui devrait se traduire.... Il y a quand même des économies d'échelle. Et l'union fait la force, c'est bien connu. » (maire de Boinville-en-Mantois).

En dépit de leur caractère chronophage critiqué de manière récurrente par les élus, les structures intercommunales sont plutôt valorisées par les maires. Ce qui, en revanche, fait problème ou, à tout le moins, suscitent des inquiétudes chez les maires est le développement du Grand Paris et l'impact des nouvelles lois relatives aux réformes territoriales. Car ils posent très clairement la question de la place et du rôle de ces communes périurbaines, demain, dans l'espace francilien.

La place des communes périurbaines dans l'espace francilien

De nos entretiens avec les maires du périurbain, on peut dire qu'il y a, non pas une peur, mais une appréhension et une difficulté à se positionner dans l'espace francilien, liées à l'émergence du Grand Paris ; un Grand Paris qui, dans les représentations et les discours des maires, renvoie plus à un projet de développement aux frontières indéterminées qu'au territoire de la métropole institutionnelle du Grand Paris tel que dessiné par la loi MAPTAM. Spontanément évoqué lors des entretiens avec nos interlocuteurs, le Grand Paris est abordé au travers des effets induits qu'il pourrait avoir sur leur commune. Ce futur espace institutionnel qui, dans l'immédiat, n'englobe pourtant pas les communes étudiées est perçu comme un risque à plusieurs titres.

Le premier risque est que les maires ne puissent plus maîtriser le développement de leur commune du fait d'un dessaisissement de leurs compétences – en particulier leur compétence en matière d'urbanisme – au profit de structures intercommunales qui les absorberaient.

« L'intercommunalité va diluer, par exemple au niveau du PLUI. Cela veut dire que le discours qui était tenu jusqu'alors parce que cela se voulait un discours rassurant de dire mais vous gardez la maîtrise des droits des sols ! Eh bien, je ne suis pas sûr que cela soit d'actualité encore longtemps. » (Maire Boinville en Mantois).

Et le maire d'une commune voisine d'abonder dans ce sens en estimant que, dans un avenir proche, les maires ne pourront résister aux injonctions à la construction immobilière qui sera définie à une échelle supra-communale, celle de la Métropole dont le périmètre s'étendrait à l'ensemble de l'aire urbaine parisienne. On observe une sorte de fatalisme dans les propos de nos interlocuteurs.

« Quand on n'aura plus la main sur nos communes avec les communautés d'agglomération. Je ne me fais pas d'illusion, ils décideront un beau jour de faire des constructions. Je pense que cela va être compliqué. Le Grand Paris va s'étendre de plus en plus, on le sait. Je ne me fais aucune illusion sur l'avenir. On a bien vu les autres villes alentour. On ne peut pas arrêter ce genre de choses. » (Maire de Aulnay-sous-Mauldre).

Le second risque est que la création du Grand Paris ne positionne les communes périurbaines à la périphérie des enjeux institutionnels et, corrélativement, des financements. Pour reprendre l'expression de l'un des maires, ils craignent de se trouver dans une « frange » coincée entre les frontières de la Métropole institutionnelle telle que définies par la loi MAPTAM et celles de la région Île-de-France dans son périmètre actuel. Pour des raisons différentes liées à leur plus ou moins grande proximité avec l'aire urbaine, ils ont peur d'être « les laisser pour compte » de la reconfiguration de la gouvernance territoriale initiée par la Loi sur le Grand Paris (MAPTAM).

« Jusqu'à présent on se sentait pas trop mal intégrés à l'Île-de-France mais la métropole risque de nous poser des problèmes, non pas que je sois contre le changement mais celui-ci ne me parait pas cohérent du tout. On va se retrouver avec une métropole qui va chevaucher des départements et couper en deux des communautés de communes, qui va venir presque en limite de l'IDF mais va laisser une frange et nous sommes dans cette frange. La limite c'est Jouars-Ponchartrain, c'est vraiment pas loin et la limite du département, c'est Houdan, donc on est vraiment coincé ».

Approche « patrimonialisée » versus approche «autonomiste »

L'inquiétude face au Grand Paris ne signifie pas pour autant que les maires soient dans une posture subie de leur territoire. Plusieurs maires rencontrés, s'appuyant sur « leur » perception du bassin de vie de leurs habitants, sur ce qu'on peut qualifier de géographie du sensible, s'efforcent de définir non seulement la « fonction » de leur territoire communal dans cet espace mais, plus largement, la fonction du bassin de vie dont il ferait partie. Étant entendu, dans l'esprit des maires, que le bassin de vie est toujours plus large que le périmètre de leur commune. Il ne s'agit pas ici de chercher à définir les fonctions qui peuvent être assignées par un maire à sa commune et à son bassin de vie. Ce qui nous intéresse est simplement de présenter les deux grands types de positionnement à partir desquels les maires construisent la fonction de leur « local métropolitain » : un positionnement, que je qualifierai « d'autonomiste » et un positionnement « patrimonialisé » tendant vers une logique de club.

Un positionnement offensif : quand les communes jouent les « affranchies »

Dans le premier type de positionnement, les maires cherchent à placer leur commune dans un périurbain assumé et porteur de sa propre dynamique de développement par rapport à la zone dense de la métropole, que l'on peut qualifier de périphérie assumée. Ces territoires jouent les « affranchis » par rapport à la puissance des territoires urbains, ils affirment et se construisent une autonomie élargie.

Un bon exemple de ce type de positionnement est ce qui se joue dans le secteur de Houdan (Yvelines) très bien analysé par la géographe Claire Aragau. Le maire-député de cette ville trait-d'union (pour reprendre la qualification du SDRIF de 1994) a réussi à construire une intercommunalité à cheval sur deux régions (IDF et l'ancienne Région Centre aujourd'hui Région Centre-Val de Loire). Il s'agit de la communauté de communes du Pays Houdanais comptant 34 communes (5 en Eure-et Loir et 29 dans les Yvelines).

La fabrication de ce territoire supra-communal montre que les acteurs politiques locaux, sous l'impulsion du maire de Houdan, ont construit une intercommunalité comprenant quelques communes situées au-delà même de l'Île-de-France. Le processus de fabrication de ce territoire est intéressant. Initialement, il a été construit autour de la commune de Houdan et de celles avoisinantes qui, selon le maire, constituaient le « bassin de vie naturel de sa commune » sur le plan du logement, de l'emploi, des services et des équipements. En créant des équipements structurants (une piscine, une maison de santé) et des services, le projet de territoire aurait, selon le président de la communauté de communes, modifié les pratiques des habitants de communes situées au-delà de ce « bassin de vie initial ». Ceci montre, estime-t-il, qu'avec des politiques tarifaires incitatives, avec des éléments structurants, on peut modifier les mobilités quotidiennes et « recentrer, élargir les bassins de vie qui en rendent naturel le tropisme. » Et si l'on modifie les mobilités et les contours du bassin de vie, des élus peuvent légitimer que la fabrique d'un territoire s'étende à d'autres communes. C'est précisément, ce qui s'est joué à Houdan où l'intercommunalité s'est progressivement étendue permettant, comme le maire de Houdan le souhaitait (tout au moins dit qu'il le souhaitait, de fabriquer un territoire). Un territoire offrant l'essentiel des services de la ville tout en ayant des aménités rurales et qui est dimensionné pour faire face aux villes avoisinantes (Mantes-la-Ville) et peser face au Grand Paris. Cette volonté d'affirmation de son autonomie par rapport à la zone dense de la métropole a conduit les élus de ce territoire à rejoindre récemment une coopération souple : une Entente. Elle regroupe plus de 300 communes avec un but affiché : exister face au Grand Paris. Dans cette construction par opposition à la zone dense de la métropole, il s'agit d'affirmer le caractère périphérique de ce territoire, son éloignement, tout en considérant cet espace non comme un espace dortoir mais comme un espace de vie à part entière permettant de fidéliser des populations, de les ancrer.

Un positionnement « défensif » : quand les communes jouent le protectionnisme face aux avancées du front urbain

Dans un second type de positionnement, les maires placent leur commune dans un périurbain volontairement « patrimonialisé » pensé comme un rempart face aux avancées du front urbain. Dans ce modèle, le projet communal et ceux à dimension intercommunale visent avant tout la préservation de la qualité paysagère et la qualité de vie des habitants (équipements sportifs, activités périscolaires, aide au maintien du petit commerce). Les maires s'efforcent de protéger leur espace, quittent à le transformer en un « club fermé », et revendiquent clairement que les pôles de centralité sont et doivent se faire ailleurs mais que leur habitants, par leur mobilité quotidienne, par leurs modes de consommation y participent pleinement en qualité d'usagers ou de clients.

On trouve, par exemple, ce type de positionnement des maires dans le secteur de la communauté de communes de Gally-Mauldre (Chavenay, Crespières, Feucherolles, Davron). Les maires portent les intérêts des habitants de ces communes, majoritairement des cadres supérieurs qui, tout en étant situés à proximité de pôles de centralité comme Versailles ou Plaisir (Saint-Quentin), tout en profitant du rayonnement de ces centralités urbaines, s'inscrivent dans des stratégies de mise à distance (spatiale) par rapport au cœur de ces centralités et aux groupes sociaux qui y résident. Les habitants de ces communes périurbaines sont dans un jeu permanent entre proximité et distance aux centralités, entre une inscription dans le local et dans le métropolitain dont ils savent pleinement jouer des aménités et des ressources qu'il offre – aussi bien les équipements publics que les services privés. Acteurs/consommateurs par leurs pratiques de ces centralités, de ces espaces urbains, ils ne sont pas en revanche des acteurs de leur fabrication institutionnelle. Leurs représentants – leurs maires – se tenant à distance de projets supra-communaux ou de regroupement qui absorberaient leur commune dans des espaces d'action publique qu'ils jugent trop larges et contraires à leur projet de « préservation » de leur commune. Les maires de ces communes positionnent donc leur territoire à la périphérie de ces centralités sans être néanmoins dans une logique de retrait ou de sécession avec celles-ci.

En définitive, cette fabrique institutionnelle peut certes conduire à des approches « défensives », à des logiques de clubs mais elle peut aussi simplement traduire un souci de se positionner dans l'espace métropolitain, de trouver la fonction qu'un territoire peut avoir dans la métropole fonctionnelle. Avec ces exemples, on voit qu'il n'y pas de subordination du local au métropolitain… même s'il y a une réelle crainte des maires, de voir leur commune absorber, mais bien des tentatives différentes selon le positionnement géographique de leur commune et selon la structuration des espaces politiques locaux, de ces communes de construire un local intramétropolitain, au sens où le local est pensé comme une partie de la métropole.

Conclusion

Au final, que peut-on dire du rôle des maires dans la fabrique des politiques publiques ? En quoi a-t-il changé ? Il est difficile d'identifier ce qui change dans la mesure où nous n'avons pas pu réaliser une approche diachronique permettant de comparer deux périodes. On peut néanmoins raisonnablement faire l'hypothèse que les conditions d'exercice du rôle et du travail même des maires périurbains dans la fabrique des politiques publiques s'est transformé et se transforme pour deux raisons :

- Le changement du profil des maires du périurbain. Il y a aujourd'hui une dominante très forte de cadres, de retraités, qui sans être des « gars du coin » se sont ancrés dans leur territoire de résidence. Ils viennent remplacer les figures traditionnelles des agriculteurs en perte de vitesse.
- Le contexte institutionnel marqué par l'affirmation, en région Île-de-France, du fait intercommunal. Un maire, s'il veut maîtriser son développement, défendre les intérêts de son territoire, ne peut se

contenter d'agir au niveau de sa seule commune, il doit investir les structures intercommunales : les investir pour gagner en expertise, les investir pour répondre aux attentes exigeantes de ses administrés, les investir pour peser en aval des décisions prises par les exécutifs intercommunaux.

Autrement dit, la garantie de « l'autonomie » de ces communes passe, pour les maires périurbains, par une présence dans les lieux supra-communaux qui peuvent demain directement influencer le développement de leur commune. Un maire périurbain ne peut donc plus se contenter du rôle de « bon père de famille », il doit aussi être un homme de dossier, un courtier des intérêts communaux dans les arènes politiques intercommunales.

Bibliographie

ACHIN C., LÉVÊQUE S., *Femmes en politiques*, Paris, La Découverte, coll. « Repères », 2006.

ARAGAU C., « Le bassin de vie, un territoire porteur de ruralité aux marges de l'Île-de-France », *Norois,* 229, 2013.

BARONE S., TROUPEL A. dir., *Battre la campagne. Élections et pouvoirs en milieu rural.* Paris, L'Harmattan, 2010.

BERGER M., « Vers une diversification des espaces périurbains de l'ouest francilien », *Le périurbain : de l'hybridation à l'intensité* ?, Rapport pour le PUCA, juillet 2014.

DESAGE F., « Une commune urbaine résidentielle suburbaine en pleine campagne. Contraintes de notoriété, clôture des enjeux et disqualification sociale de l'adversaire », Lagroye J., Lehingue P., Sawicki F. dir, *Mobilisations électorales. Le Cas des élections municipales de* 2001, Paris, PUF, 2005.

DOUILLET A.C., « Les élus ruraux face à la territorialisation de l'action publique », *Revue française de science politique*, 2003, vol. 53, n°4, p.583-606.

FAURE A., *Le village et la politique. Essai sur les maires ruraux en action*, Paris, L'Harmattan, 1992.

GAXIE D., LEHINGUE P., *Enjeux municipaux, la constitution des enjeux municipaux dans une élection municipale*, Paris, Presses universitaires de France, 1984.

KOEBEL M., «Les élus locaux représentent-ils le peuple ? Portrait sociologique », *Métropolitiques,* octobre 2012, http://www.metropolitiques.eu/Les-elus-municipaux-representent.html

LE GOFF T., *Qui sont les maires périurbains de l'Île-de-France? Zoom sur l'ouest francilien*, Paris, IAU Île-de-France, septembre 2014.

MARMONT T., « Devenir « amateur » en politique. Les ressources politiques des élus ruraux », in Barone S., Troupel A. dir, *Battre la campagne. Élections et pouvoir municipal en milieu rural*, Paris, L'Harmattan, coll. Logiques politiques, 2010, p.115-139

MISCHI J., « Les territoires ruraux, des espaces ouvriers en mutation », *Métropolitiques*, septembre 2013.

NEVERS J.Y., « Entre consensus et conflits, la configuration des compétitions aux élections municipales dans les communes rurales », *Revue française de sociologie*, 1992, n° 33, pp.391-416.

PREMAT C., DEWOGHÉLAERE J., « Le profil des maires urbains en 2006 », *Sens public*, 25 mars 2008, URL : http://www.sens-public.org/article.php3?id_article=534

ROGER A., MISCHI J. dir., *Sociabilité et politique en milieu rural,* Rennes, PUR, 2008.

QUELLES PRATIQUES POLITIQUES DANS LE PÉRIURBAIN ?

Miled Zrida

Depuis 2005, je suis directeur de la Politique de la ville, du logement et de la démocratie participative à la communauté d'agglomération du Plateau de Saclay. Auparavant, j'étais à la mairie d'Évry en tant que Directeur de la politique de la ville et de l'action territoriale puis également sur le même poste à Mantes-la-Jolie dans les années 1992/96. Par conséquent j'ai un parcours professionnel « politique de la ville » depuis plus de 30 ans.

Enfin, pour terminer mon autobiographie, depuis 1982, je suis engagé dans la vie politique locale. En 1983-84, agent territorial en collectivité territoriale et habitant de la ville de Dreux depuis 1961, à proximité de Châteauneuf et de la vallée de l'Eure, j'ai connu l'arrivée du Front National à la municipalité et le rapprochement FN-RPR.

Tout d'abord définissons, le rôle de l'élu dans l'action politique. L'élu a trois sphères d'intervention. En premier lieu, il doit être à l'aise dans le cadre des « arènes » , c'est à dire l'espace public formel ou informel. Tous les élus ne les maîtrisent pas. Ensuite, il doit être légitime auprès de sa population, auprès de sa « tribu ». Enfin, il doit bien connaître le système administratif institutionnel.

Dans la pratique professionnelle, on pouvait quelque peu « amener », à leur dépend, les élus sur certaines thématiques. Il m'était possible, en tant que cadre administratif, de développer certains enjeux de politique publique et les champs d'action qui en découlaient. Aujourd'hui, ce n'est plus le cas. Vous avez des élus qui sont devenus des professionnels de la vie politique et publique, particulièrement dans les communes de plus de 10 000 habitants, agglomération ou métropole. Dans les territoires périurbains et ruraux, je considère qu'il y a trop de communes, trop de maires : les intercommunalités doivent prendre le relais et on doit fusionner des communes pour réduire le nombre. 36 000 communes en France, dont 25 000 ont moins de 500 habitants, les maires de ces communes ont peu de techniciens pour les aider, au quotidien, dans leur mandat.

Enfin, l'action politique doit favoriser la transformation sociale et cela passe par la dé-construction des représentations. Les habitants ont des représentations, des préjugés, y compris nous-mêmes et, le politique, doit faire preuve de courage pour les dé-construire. Actuellement, on assiste à un nivellement par le bas, au sens où le politique est plutôt là pour les accompagner. Certains ont du courage politique pour permettre la re-construction d'autres représentations mentales, sociales et culturelles. Cela est très important qu'il y ait des élus déterminés, capables d'aller sur les espaces publics formels et informels, de dé-construire et de se confronter.

Parlons des territoires et particulièrement de mon espace professionnel, celui de la CAPS[104] :

Il y a plusieurs périurbains. Un périurbain protégé, c'est-à-dire que les gens ne le subissent pas, au contraire, ils sont moteurs, dynamiques, parties prenantes de la mondialisation ; ils profitent de ses effets. Ce sont des personnes qui vivent très bien, avec des revenus médians de 33 000 € à 55 000 €. Il y a l'université, des établissements de recherche... Par conséquent, un public qui vit dans un confort économique, social et culturel.

Si le vote FN est assez faible sur le plateau de Saclay (bipolarisation de la vie politique, présence des Verts), les tendances et les comportements politiques sont quand même assez semblables à ceux d'ailleurs. Cela veut dire quoi ?

Quand on souhaite construire dix logements sociaux, on a 600 personnes qui vont signer une pétition contre ceux-ci. On a une opposition assez grande sur cette question. Pascal Perrineau[105], qui a analysé les résultats des dernières élections municipales (2014), l'explique ainsi : « Là où des maires ont construit énormément de logements sociaux quand il y en avait peu, ils ont perdu les municipales ». Prenons l'exemple de François Lamy, alors ministre et député-maire de Palaiseau, il a perdu les élections municipales en partie parce qu'il a construit sur la période 2007-2014, plus de 4000 logements tous confondus.

On constate des formes de séparatisme. Les populations appliquent à leurs enfants une « protection sociale » : il y a moi, ma famille, mon environnement et, mon enfant, doit pouvoir espérer une situation au moins identique à la mienne. C'est ce que l'on relève sur le plateau de Saclay : on veut bien construire des logements mais uniquement pour les personnes, ou leurs enfants, qui habitent déjà là. On ne veut surtout pas faire du logement pour attirer des populations qui viennent de l'extérieur. Ce soir, on a un conseil communautaire où les élus vont débattre du contrat de développement territorial et de l'avenir du plateau de Saclay. Il va y avoir une motion et l'on suppose alors que les élus vont afficher une baisse de la construction de logements. Les habitants portent ce message – qui vaut revendication – auprès de ces derniers et les élus, comme je le disais en introduction, ne souhaitent pas toujours entrer en confrontation.

Actuellement, il y a un projet de loi sur la gouvernance territoriale où il est prévu de rapprocher les agglomérations. Prenons par exemple celles du Centre-Essonne, du Val d'Orge, de Seine-Essonne, du SAN de Sénart en Essonne, du SAN de Sénart-ville nouvelle et de la commune de Grigny. Cela ferait une communauté d'agglomération de plus de 400 000 habitants avec alors une possibilité de devenir une communauté urbaine (puisqu'il faut plus de 250 000 habitants). Dans ce cas, les permis de construire et le PLU (Plan local d'urbanisme) deviendraient compétences intercommunales obligatoires. Par conséquent, les maires des petites communes s'interrogent beaucoup, en se disant : « Si je passe en communauté urbaine, je n'ai plus la maîtrise de mon foncier et des projets sur mon territoire ». Ils veulent bien être « avalés » par Évry puisque tout le monde le leur dit, mais ils veulent

---

[104] CAPS : Communauté d'agglomération du Plateau de Saclay.
[105] Perrineau, P : *La France au front*, Ed. Fayard, Paris, 2012.

rester en communauté d'agglomération et ne pas passer en communauté urbaine, ce qui est politiquement un sujet à débat.

Les habitants des territoires les plus aisés rejettent certaines populations principalement en raison de leurs différences économiques, sociales et culturelles. Le politique face à ce rejet doit avoir une pratique politique courageuse. Je pense particulièrement à la démocratie participative. Tout le monde politique s'enorgueillit de celle-ci mais en France c'est une « tarte à la crème » car elle est principalement organisée par la démocratie représentative. Quand en 2001 à la mairie d'Évry, j'étais en charge de la démocratie participative. On m'a alerté sur le fait suivant : « Tu animes, tu gères les conseils de quartier, tu développes l'appropriation citoyenne des politiques publiques mais pas de contre-pouvoir ».

C'est un comportement politique que l'on peut entendre... Le technicien est à l'interface de l'habitant, de l'administratif et du politique dans une gestion de l'espace et du temps. Il s'agit de développer la concertation, mais surtout la co-production des politiques publiques.

Néanmoins, ne soyons pas naïfs ! On sait bien que le politique ne répondra pas aux enjeux sur le fond et ne donnera du sens à l'action que si le technicien amène celui-ci sur le devant de la scène, même si parfois il faut savoir *« caresser dans le dos »*le politique.

Aujourd'hui, je trouve que l'on perd de plus en plus le fond, le sens de l'action publique. On a des politiques qui tendent à le négliger au profit de la forme car les élus s'inscrivent dans l'action à court terme C'est une difficulté majeure.

En matière de démocratie participative, on peut avoir dans le périurbain des conseils citoyens, des conseils de quartiers, des jurys citoyens, des conférences de consensus mais tout cela est trop porté par le politique.

Comment sur ces espaces périurbains, construire un pouvoir ascendant où se joue la transformation sociale, culturelle, la confrontation des habitants, des usagers sans le politique, l'élu ?

Le politique n'est pas là pour gérer toute la vie quotidienne des habitants, les gens doivent aussi se prendre en main. La sécurité, par exemple, n'est pas uniquement un champ d'intervention de l'État, les gens doivent aussi être acteurs de la sécurité.

Tout comme ils doivent l'être de leur vie sociale, de leur vie quotidienne ; le politique peut faire émerger, inciter, initier, favoriser les rencontres avec les habitants, les acteurs, usagers, commerçants, etc... mais il ne peut parfois que favoriser, il n'a pas besoin d'être là. Aujourd'hui, les espaces publics sont en bonne partie « aseptisés ». Place Jules Vallès, par exemple, dans le quartier des Pyramides à Évry, il n'y a pas un seul banc ! C'est un espace public minéralisé. On n'a pas voulu mettre de banc de peur que les jeunes occupent cet espace public. À un moment donné, le rôle des politiques est aussi d'amener les habitants et les acteurs à prendre ces espaces, à se les approprier, y compris sur des territoires complexes.

Les dispositifs dans le cadre de la démocratie participative sont importants, mais pas seulement. Il faut amener les habitants à se prendre en charge et à développer les rencontres informelles ou des rencontres autour d'événements.

À Dreux, Françoise Gaspard, député-maire de 1977 à 1983 a mis en place des rencontres et des moments culturels, éducatifs, au quotidien. Ce n'était pas seulement sur des temps ciblés, c'était en continu. Des flux ont été créés entre les différents quartiers, entre les habitants. Généralement, le centre-ville possède tous les équipements, la mixité sociale est compliquée.

Dans le périurbain, si je prends l'exemple de Saint-Pierre-du-Perret et de Carré-Sénart, je n'ai vraiment pas envie d'aller y faire mes courses. Tout comme le plateau de Saclay : c'est un plateau, il y a du vent, il fait froid l'hiver, il n'y a rien... Il y a un public captif, l'étudiant-chercheur qui est présent, mais le politique a du mal à donner du sens au développement territorial audible pour l'habitant.

Quel sens donné à construire des quartiers comme à Saint-Pierre-du-Perret ?

L'ancienne équipe municipale a perdu la ville justement à cause du périurbain. Si Saint-Pierre a basculé aux dernières élections municipales, cela s'explique : les gens ont eu peur du logement social construit en nombre important parce que la commune ne respectait pas les exigences de la loi SRU. Ils sont primo-accédants et peut-être se sont-ils dits : « Quelle population va arriver sur ce territoire, à proximité de mon lieu d'habitation ? » .

Bien entendu, il y a des peurs objectives, mais en même temps il faut tenter de les dé-construire. C'est de la pédagogie, c'est du long terme et cela demande à l'élu d'être très proche des habitants. En même temps, ces derniers peuvent aussi construire eux-mêmes leurs représentations par des rencontres, par des espaces qui sont configurés, pas uniquement par le commerce, mais aussi par la culture, les loisirs, l'éducation, la rencontre de l'autre. Ceci est quelque chose d'important. Voilà ce que je voulais dire sur l'action politique de l'élu, à partir de mon expérience de professionnel.

ÊTRE MAIRE EN PÉRIURBAIN[1]

Jean-Raymond Hugonet

LC et OM : en 2015, qui sont les habitants essonniens vivant dans le périurbain ? Leurs caractéristiques socio-économiques et leurs récentes évolutions ?

On peut commencer en s'appuyant sur l'historique notamment de ma commune Limours-en-Hurepoix[2], car elle est assez comparable à celle des autres communes situées sur « une banane », c'est-à-dire ce que j'appelle la charnière ou frange périurbaine, celle entre le territoire de l'unité urbaine de Paris et les communes de la très grande couronne.

À Limours-en-Hurepoix, nous avons connu deux pics d'évolution de la population ; celui de la fin des années 60, début 70 et celui du début des années 80. Ces évolutions sont liées à l'avènement du plateau de Saclay et l'arrivée de chercheurs, de scientifiques et des cadres supérieurs s'y rapportant. Ils sont arrivés ici tout simplement parce qu'ils travaillaient, au CEA, au CNRS, ou encore à l'époque à l'université d'Orsay – aujourd'hui Paris-Sud XI – et ils allaient vers ces gisements d'emploi. Ils avaient de relatifs moyens et voulaient profiter d'une ville à la campagne. Même si je n'en fais pas une généralité, c'est à ce titre que nous sommes assez révélateurs de ce territoire. Les gens sont ainsi arrivés de façon massive, provoquant la construction de plusieurs lotissements ce qui a été une évolution majeure, voire une révolution pour la commune, parce que de passer d'un chef-lieu de canton, qui à l'époque était vraiment le bourg classique, à un début de ville ce n'était pas évident.

Le bourg classique, je l'ai connu tout petit car je suis né à Limours en 1958. Dans toute cette période de ma prime jeunesse il y avait l'école communale, le notaire, le médecin, le vétérinaire, tout cela c'était une image de la France avant 1968 et ce fut le premier clivage. Après s'est produite une révolution culturelle avec l'arrivée d'une nouvelle population qui a dû se mélanger et cohabiter : au départ, c'est forcément dans un centre ville, en

[1] Propos recueillis par Laurence Costes et Olivier Mandon.

[2] Limours parfois appelée Limours-en-Hurepoix, (6 560 hab en 2012 et 460 hab/km^2) est une commune située à trente et un kilomètres au sud-ouest de Paris dans le département de l'Essonne en région Île-de-France. Elle est le siège du doyenné de Limours. Situé sur un plateau traversé par un ruisseau, la Prédecelle, le bourg agricole et commerçant rival d'Arpajon, intégré au domaine royal en 1376 par Charles V, puis donné en apanage aux mignons et favorites. Limours fut dans les années 1930 directement reliée à Paris par la ligne de transport Paris-Chartres par Gallardon jusqu'à sa fermeture à la veille de la Seconde Guerre mondiale. Dès lors restée relativement à l'écart des axes majeurs de communication, elle conserve son aspect rural, avec près de 55% du territoire consacré à la grande culture céréalière et plus de 20% occupés par des bois communaux, un centre-ville commerçant, privilégiée pour l'accueil des équipements structurants par son ancien statut de chef-lieu de canton et de principal centre urbain de l'intercommunalité. Ses habitants sont appelés les *Limouriens.*

plein milieu d'une cuvette avec une évolution historique très classique, puis autour du centre ancien avec ses commerces et ses habitations traditionnelles se sont construits en « pelure d'oignon », tout autour, des lotissements en périphérie, élargissant le cercle. De 1968 à 1975, la population est passée de 2 264 habitants à 4 201 habitants et de 1982 à 1990, de 4 774 habitants à 6 324 habitants. Par conséquent, la nature même de la ville a changé tout en ayant quand même un historique dont on ne peut pas s'affranchir. Limours est la plus grosse commune du secteur car a un moment donné, vers le Moyen-âge, on a considéré qu'à cet endroit, à l'abri, dans la vallée, au bord de la rivière, était le lieu où il fallait s'agglomérer. Cette logique s'est forcément retrouvé dans cette évolution. Face aux arrivées de populations on a dû construire les équipements, les premiers collèges d'enseignement général, les CEG de l'époque, il y avait alors dans l'aménagement du territoire quelque chose de très classique, c'est-à-dire que pour telle strate de taille de population vous étiez dotés d'un collège type. Il y avait un plan et vous retrouviez ces mêmes établissements et équipements dans toutes les communes un peu importantes de la région parisienne. Par conséquent on a eu ces équipements là qui, au fil du temps, sont arrivés à saturation et il a fallu en construire d'autres : nous sommes arrivés avec une logique de développement et des moyens relativement adaptés, mais il a fallu se battre pour obtenir tout ça. Aujourd'hui on a une commune qui est à environ 6 700 habitants dont la progression démographique s'est largement calmée depuis la fin des années 90. Il n'est alors pas possible actuellement d'avoir une croissance exponentielle sans changer totalement et dénaturer l'esprit de la commune. Il faut donc faire attention d'autant que les habitants qui y vivent maintenant sont toujours extrêmement réservés quant à l'arrivée de nouvelles populations même lorsque celles-ci sont motivées par l'idée qui les avait eux-mêmes fait venir il y a plus de 40 ans à Limours. Ainsi à la fin des années 60, les jeunes couples, par exemple de chercheurs, qui étaient venus s'installer parce qu'ils avaient leur travail à proximité dans un cadre absolument magnifique, ces jeunes couples avaient trouvé un produit correspondant à leurs moyens. Au même âge aujourd'hui et avec le même niveau de qualification, ils ne peuvent plus acheter un bien à Limours tout simplement parce que la pression foncière fait que le terrain plus la construction d'une maison nécessite au minimum un budget de 400 000 €. Aujourd'hui, qui peut s'engager sur un projet de ce montant quand on a une trentaine d'années ?

S'agit il de catégories socio-professionnelles plus aisées qui continuent à arriver ou cela s'est-il stabilisé ?

Je suis élu depuis 2001 et ce que l'on a essayé de faire depuis cette date s'est traduit dans le Plan local d'urbanisme (PLU). Cela tient compte de notre histoire et des deux pics de populations qui l'ont marquée. Une augmentation de populations entraine de nouveaux besoins avec, par exemple, des constructions d'écoles et aussi une forte demande de services, or tout cela à un coût. Comment faire sur la commune de Limours où la pression fiscale est déjà très élevée – même si elle n'a pas augmenté depuis maintenant 13 ans – en raison d'une immense offre de services qu'il est très difficile de maintenir ? On a alors pris le parti, traduit dans le PLU, d'accéder à un équilibre. Il ne s'agit pas de transformer Limours en Carcassonne et de ne plus laisser entrer personne, mais on ne peut plus avoir de pics de populations comme on les a connus dans les années précédentes sauf à transformer radicalement la commune, mais là les gens n'y sont absolument pas prêts. Donc il s'agit de trouver le point d'équilibre qui permette une croissance maîtrisée parce que l'on ne peut pas rester replié sur nous-mêmes avec une population naturellement vieillissante. Nous essayons donc de l'équilibrer et de la réguler. Par les temps qui courent, alors que les communes sont tondues par l'État dans le cadre de la baisse des dotations, nos recettes sont en net recul alors même que les demandes sont sans cesse en augmentation avec une population très exigeante car elle est en majorité aisée : voilà notre réalité quotidienne.

Et cela est loin d'être simple. C'est la raison pour laquelle je m'efforce d'avoir recours à la pédagogie pour expliquer ce phénomène. Il faut partager les problèmes et faire comprendre exactement où nous nous trouvons. Aujourd'hui nous en sommes précisément là : nous n'avons plus aucune marge de manœuvre.

Le logement en périurbain est souvent associé au pavillonnaire avec les images (parfois négatives) qui lui correspondent, or celui-ci évolue. Qu'en est-il dans votre commune ?

Une fois que l'on a fait le constat que j'ai signalé au préalable et bien ensuite on a agi : il y avait la loi Solidarité et renouvellement urbain (SRU) qui existait en 2001, donc à Limours on est rentré dans une logique de PLU pour remplacer un Plan d'occupation du sol (POS) difficilement lisible et trop daté. Le PLU c'est 3 ans et demi de travail avant qu'il ne soit approuvé. Le notre l'a été le 8 juillet 2004, cette date est fondamentale pour nous. Dans celui-ci on a clairement banni l'extension en tâche d'huile alors que le Schéma directeur de la région Île-de-France (SDRIF) antérieur nous permettait de le faire avec des zones qui auraient pu être classées en zones constructibles. Nous ne souhaitions plus construire en dehors de la zone urbanisée. Elle a été sanctuarisée de façon très claire et très précise. À partir de là, à l'intérieur de cette zone urbanisée on a cherché les potentiels de construction. Aujourd'hui, avec l'arrivée des lois GRENELLE et pour l'Accès au logement et un urbanisme rénové (ALUR), nous réfléchissons sur les potentialités. En effet, nous sommes proches du cluster du plateau de Saclay. Nous étudions donc comment pouvoir réguler les évolutions prévisibles afin de conserver la maîtrise.

En fait, il s'agit plus d'un travail d'adaptation à la loi puisque les grandes lignes du PLU nous vont comme un gant. C'est presque un travail de dentelle de Calais. Par exemple, sur le quartier ouest de notre commune, nous sommes en train d'inclure dans la révision du PLU l'adaptation exacte de ce que l'on souhaite comme type de construction. C'est là encore un équilibre entre la primo accession qui est notre problème principal sur la commune, le logement dit « marché » et le logement locatif aidé. A Limours pour 6 700 habitants, nous comptons 2 718 logements dont 2 561 résidences principales. Étant situés en dehors de l'unité urbaine de Paris, nous ne sommes pas tenus par l'article 55 de la loi SRU (sur le pourcentage de logements sociaux) mais nous en possédons 358 qui correspondent environ à 14%. Pour chaque projet nouveau, nous en construisons par petites unités disséminées dans le tissu bâti qui s'intègrent sans aucun problème. En revanche la difficulté que nous avons, et à laquelle nous essayons de répondre, c'est la primo accession. Pourquoi ? Pour accueillir des familles plus jeunes dans des logements accessibles à la hauteur de leurs moyens, c'est-à-dire aux alentours de 250 000 euros. Pour cela, nous développons une vraie stratégie foncière. Si on veut imprimer un équilibre à la commune par rapport à l'histoire et aux objectifs que nous nous sommes fixés et qui ont été présentés à la population – j'insiste la dessus on a un programme sur tout cela que l'on présente à la population au moment des élections – donc quand vous avez une logique comme celle là, c'est via une stratégie foncière, c'est-à-dire qu'il est hors de question de laisser passer des unités foncières importantes au moment de mutations parce que forcément cela peut déséquilibrer une commune. En ce sens Limours est un laboratoire type de ce qui se passe en périurbain : une population vieillissante avec familles âgées dont les enfants sont disséminés sur le territoire national ou international, les parents arrivent en fin de vie, ont de grandes propriétés sur Limours : si on ne les capte pas, si l'on ne crée pas les conditions dans un document d'urbanisme pour qu'elles soient traitées de façon raisonnée pour ne pas faire n'importe quoi – dans les communes vous avez des changements que parfois vous ne maitrisez plus – donc si vous n'avez pas la maitrise foncière vous êtes forcément tributaire de quelqu'un et, en conséquence, la part d'influence que vous avez sur ce projet là s'amoindrie. Il faut avoir la maîtrise foncière pour faire aboutir ses projets. Quand on a l'impression de tout maîtriser c'est déjà bien difficile d'arriver au bout alors quand vous n'êtes pas maître à bord, vous n'êtes pas certain du résultat.

Par conséquent, pour moi ce qui prime c'est l'équilibre, la maîtrise et, donc pour ça, la stratégie foncière. Et c'est grâce à cela que je peux dire que tel quartier a été réussi pour telle ou telle raison, mais derrière il faut être maître du foncier et ce n'est pas simple.

Peut-on évoquer un mode de vie spécifique au périurbain que l'on retrouverait, par exemple, à Limours ?

Là vous avez le profil type : chaque année dans ma commune je consacre une journée « porte ouverte » où les nouveaux limouriens, arrivés dans l'année, sont invités. Dans ce cadre, on leur présente les services, je leur fais faire avec les élus le tour de la commune dans un bus, car on a un territoire très étendu, on leur montre les grands espaces de la commune, comment elle est organisée géographiquement, où sont les hameaux et autres… Cela fait 15 ans que je fais cela et je vois le contingent chaque année, c'est à chaque fois quasiment le même profil : généralement ils sont très nombreux, ressortent de là très intéressés par cette matinée et rassérénés dans le fait qu'ils ont fait un bon choix parce que dans tous les couples que je reçois il y a toujours eu un couple de retraité qui a trouvé cet endroit sympathique car c'est encore une ville à la campagne, il y a également tous les services médicaux souhaités, des commerces de centre ville, de la grande distribution... et il y a les enfants qui sont généralement pas loin, à Limours ou dans la périphérie. Il y a toujours un ou deux couples comme ça, le reste a quasiment toujours le même profil, c'est-à-dire des personnes qui arrivent de la première couronne parisienne qui fuient les urbanités et recherchent un cadre de vie de grande qualité à 35 km de Paris avec des enfants qui vont aller à l'école à côté, chercher les marrons dans les bois... Les gens retrouvent une partie de leur enfance tout en étant à proximité immédiate de leur job, généralement un job très qualifié dans les grandes entreprises du plateau de Saclay où à 85% les actifs travaillent au nord de notre commune c'est-à-dire la zone d'activité de Courtabeuf, le plateau de Saclay, Vélizy, Issy-les-Moulineaux, jusqu'à Paris. Mais ce sont les mêmes profils : des gens qui, venant de la première couronne, c'est-à-dire de milieux géographiques urbanisés, ont été habitués à un niveau de services très important pour la famille, pour le sport, pour la culture, pour les transports et ils arrivent chez nous en voulant un petit peu la même chose. Or à Limours nous avons un taux de service très important, tant en termes scolaire, de soin, commercial, etc. donc tous les niveaux de services et pourtant c'est la logique du toujours plus, les gens disent « Oh mais il y a pas ci, il n'y a pas ça » ils ont envie d'être tranquille et c'est pour cela qu'ils se mettent un peu à l'écart tout en souhaitant être en un quart d'heure de leur lieu de travail, mais là ils comprennent vite que le matin si ici vous n'avez pas la voiture et bien vous êtes malheureux. Il y a à peu près seulement 10% des actifs qui pratiquent les transports en commun malgré des solutions innovantes telle par exemple la gare autoroutière de Bris-sous-Forge qui est à côté de notre commune, gare autoroutière intercommunale qui est une première en Europe où vous prenez le bus sur l'autoroute, cela fonctionne très bien mais reste très au sud de ma commune. Ce que je veux dire par là c'est que la communauté de communes dépense 600 000 € par an pour avoir un réseau de transport qui maille les 14 communes avec 50 hameaux dans cette région, mais face à cette étendue il reste forcément très difficile d'avoir un bus qui passe toutes les 5 minutes à côté de chez vous. Les gens comprennent que malgré tous ces efforts en transports en commun, si vous n'avez pas de voiture vous êtes vraiment en difficulté : le RER est à Orsay ou à Saint-Rémy, cela veut dire qu'il faut prendre sa voiture et là on tombe dans les embouteillages, le point noir de notre tranquillité. Celle-ci est avérée mais elle se paye à 1h, 1h15 de transport à l'aller et même chose au retour. Pour autant, nous ne sommes pas une ville dortoir : nous avons 90 associations dans notre commune qui vont des anciens combattants aux lanceurs de fléchette, cela couvre donc un spectre énorme mais la plupart des gens partent tôt le matin, rentrent tard le soir. Ainsi, les habitudes de vie font qu'à une heure donnée, sur la place centrale, il est difficile de se garer parce que tout le monde vient chercher sa baguette de pain au même moment et tout le monde voudrait rentrer chez le boulanger en voiture, lui dire bonjour aussi, tout en restant dans la voiture parce qu'il faut vite rentrer pour aller chercher les enfants et surtout pour fermer la grille de chez soi et être tranquille... Et cela, pour la vie sociale ce n'est pas toujours simple. Animer ces populations et les faire sortir n'est pas évident et c'est grâce aux associations et aux moyens importants mis en place par la commune que l'on peut y parvenir.

Sociabilité sous-jacente ? Un mode de vie social soutenu par un tissu associatif important ?

L'expression retenue par les élus serait plutôt le « vivre ensemble ». Quand, par exemple, des familles avec enfants, composées très majoritairement de bi-actifs, sont nouvellement arrivées dans la commune, leur sociabilité s'illustre par l'intermédiaire des écoles, la fréquentation par les enfants des équipements scolaires et associatifs. S'il s'agit de la pratique sportive, les liens sociaux se développent au sein des structures associatives de sport sur le territoire de la commune. Le rôle des élus est d'établir des points de contacts entre les habitants et les équipements et/ou activités existantes afin de faciliter le développement social des familles. Des limouriens peuvent ne pas souhaiter participer à une forme de sociabilité mais la majorité des habitants s'intègrent très rapidement dans la vie sociale de la commune, par l'intermédiaire aussi de fêtes communales et d'un programme culturel riche s'étalant tout au long de l'année.

Une nouvelle problématique sociale apparait ces dernières années qui est très représentative au sein d'une ville comme Limours, considérée comme privilégiée. Accédant à la propriété d'une maison résidentielle, le ménage, composé d'un homme actif avec un emploi et d'une femme ayant arrêté son activité professionnelle pour se consacrer à l'éducation de ses enfants, doit faire face à une rupture familiale (exemple de divorce). La femme se retrouve dans une précarité économique difficile à gérer et sans avoir les réseaux sociaux pour s'orienter vers une nouvelle activité professionnelle. La vente du bien familial s'impose économiquement. Des enfants peuvent alors aussi souffrir d'un accompagnement éducatif moindre et les difficultés sociales des jeunes sont à gérer. La ville doit alors identifier un logement adapté à une famille monoparentale ayant des difficultés économiques, ce qui représente une mission sociale nouvelle pour une ville comme Limours.

Un périurbain essonnien divers ou ayant de fortes similitudes ?

Le territoire périurbain de l'Essonne n'est globalement pas assez considéré par l'ensemble des acteurs publics. Il est systématiquement oublié dans une présentation trop binaire entre le nord et le sud du département : opposition entre un nord fortement urbanisé et un sud rural verdoyant. La ville de Limours se localise géographiquement au nord-ouest de l'Essonne. La ville est souvent assimilée à une collectivité du sud du département car présentant les caractéristiques des territoires sud essonniens (cadre de vie, verdure et moins urbanisé). Cependant, la ville de Limours est bel et bien dans le nord du département, elle n'est pas urbanisée mais n'est pas comparable aux territoires du sud du département. La frange périurbaine de Limours et ses alentours doit être différenciée, par exemple du nord du département, car elle est diverse. Les différenciations entre les territoires de l'Essonne ne devraient pas se focalisées sur la situation géographique des collectivités mais selon le niveau d'urbanisation ou de ruralité. La zone périurbaine de Limours est absolument à différencier du nord urbanisé de l'Essonne et du sud rural du département. Les élus de la frange périurbaine du nord du département souhaitent que leur territoire soit pris en compte tant parmi les enjeux nord du département que ceux du sud. Par exemple, l'entreprise Thales[1] est un acteur majeur de Limours, du département ou de l'Île-de-France. Elle illustre l'ancrage technologique industriel de Limours au nord de la commune. Le sud de la commune accueille, lui, la coopérative agricole historique de Limours. Ces deux sites d'activités économiques sont le reflet exact du territoire de Limours et sa pluralité socioéconomique. Le travail de l'élu est de se concentrer à l'équilibre entre ces deux représentations du territoire, et surtout de ne pas en privilégier l'un aux dépens de l'autre. Ils représentent un intérêt certain pour la commune et notamment pour les habitants voulant s'y installer.

Comment le périurbain francilien peut-il se projeter dans l'avenir ?

« La peur ou la crainte sont mauvaises conseillères ». Il s'agît de prendre en compte les craintes de développements territoriaux contraints et la relégation de certains et, rester optimiste sur les opportunités de projets possibles.

En termes de préoccupations, la réforme territoriale des lois de Modernisation de l'action publique territoriale et d'affirmation des métropoles (MAPTAM) et de Nouvelle organisation territoriale de la république (NOTRe) sont une profonde erreur. La nécessité de réformer territorialement n'est pas remise en cause. En tant que rapporteur général de la commission régionale de la coopération intercommunale, je pense que le développement des territoires franciliens risque de se réaliser à plusieurs vitesses. Trois pôles de développement se profilent. Paris et les trois départements de première couronne représentent une organisation territoriale forte et puissante qui centralise et focalise toutes les attentions, la Métropole de Paris. L'unité urbaine de Paris va ensuite à son tour essayer de tirer son épingle du jeu pour un réel développement. Enfin, le reste du territoire francilien, plus éloigné de la ville capitale, doit essayer de poursuivre tant bien que mal son développement. Le périurbain serait plutôt à rattacher à ce dernier pôle territorial. Cependant, il peut faire partie de l'unité urbaine de Paris. La loi MAPTAM engendre un démantèlement de la région Île-de-France qui aurait plutôt dû être assimilée dans son intégralité à une métropole. Le périurbain francilien se ressent comme des territoires de relégation n'étant pas associés aux grands enjeux de développement de la loi MAPTAM. Une des conséquences est, aujourd'hui, l'orientation des communes en frange des départements qui se tournent vers les départements voisins de la région. Est-ce une volonté politique de réorganiser le territoire francilien en le réduisant ou une importante erreur de stratégie de développement de l'ensemble de la région ? Cette erreur est aujourd'hui à prendre en compte, la Seine-et-Oise du passé réapparaissant !

En tant qu'élu du périurbain essonnien et pour ma part, le développement du Plateau de Saclay est une chance importante pour nos territoires qui rechercheront toujours l'équilibre entre le cadre de vie et la vie, tout simplement...

[1] Entreprise publique internationale de construction de satellite et radar, de mille salariés, faisant partie du Cluster du Plateau de Saclay.

L'HARMATTAN ITALIA
Via Degli Artisti 15; 10124 Torino
harmattan.italia@gmail.com

L'HARMATTAN HONGRIE
Könyvesbolt ; Kossuth L. u. 14-16
1053 Budapest

L'HARMATTAN KINSHASA
185, avenue Nyangwe
Commune de Lingwala
Kinshasa, R.D. Congo
(00243) 998697603 ou (00243) 999229662

L'HARMATTAN CONGO
67, av. E. P. Lumumba
Bât. – Congo Pharmacie (Bib. Nat.)
BP2874 Brazzaville
harmattan.congo@yahoo.fr

L'HARMATTAN GUINÉE
Almamya Rue KA 028, en face
du restaurant Le Cèdre
OKB agency BP 3470 Conakry
(00224) 657 20 85 08 / 664 28 91 96
harmattanguinee@yahoo.fr

L'HARMATTAN MALI
Rue 73, Porte 536, Niamakoro,
Cité Unicef, Bamako
Tél. 00 (223) 20205724 / +(223) 76378082
poudiougopaul@yahoo.fr
pp.harmattan@gmail.com

L'HARMATTAN CAMEROUN
BP 11486
Face à la SNI, immeuble Don Bosco
Yaoundé
(00237) 99 76 61 66
harmattancam@yahoo.fr

L'HARMATTAN CÔTE D'IVOIRE
Résidence Karl / cité des arts
Abidjan-Cocody 03 BP 1588 Abidjan 03
(00225) 05 77 87 31
etien_nda@yahoo.fr

L'HARMATTAN BURKINA
Penou Achille Some
Ouagadougou
(+226) 70 26 88 27

L'HARMATTAN SÉNÉGAL
10 VDN en face Mermoz, après le pont de Fann
BP 45034 Dakar Fann
33 825 98 58 / 33 860 9858
senharmattan@gmail.com / senlibraire@gmail.com
www.harmattansenegal.com

L'HARMATTAN BÉNIN
ISOR-BENIN
01 BP 359 COTONOU-RP
Quartier Gbèdjromèdé,
Rue Agbélenco, Lot 1247 I
Tél : 00 229 21 32 53 79
christian_dablaka123@yahoo.fr

656013 - Mai 2016
Achevé d'imprimer par

1livre.com
du rêve à la réalité !

www.ingramcontent.com/pod-product-compliance
Lightning Source LLC
LaVergne TN
LVHW021211061026
849535LV00008B/2675
* 9 7 8 2 3 4 3 0 8 6 2 5 5 *